3~5岁

全图解实用儿童毛衣

张翠 主编

辽宁科学技术出版社
·沈阳·

图书在版编目（CIP）数据

3~5岁全图解实儿童毛衣/张翠主编. —沈阳：
辽宁科学技术出版社，2012.10
ISBN 978－7－5381－7676－6

Ⅰ.①3 … Ⅱ.①张 … Ⅲ.①童服— 毛衣 — 编织 —
图集 Ⅳ.①TS941.763.1—64

中国版本图书馆CIP数据核字（2012）第217522号

出版发行：辽宁科学技术出版社
　　　　　（地址：沈阳市和平区十一纬路29号 邮编：110003）
印 刷 者：深圳市龙辉印刷有限公司
经 销 者：各地新华书店
幅面尺寸：210mm×285mm
印　　张：12
字　　数：200千字
印　　数：1~11000
出版时间：2012年10月第1版
印刷时间：2012年10月第1次印刷
责任编辑：赵敏超
封面设计：张　翠
版式设计：张　翠
责任校对：李淑敏

书　　号：ISBN 978－7－5381－7676－6
定　　价：39.80元

联系电话：024－23284367
邮购热线：024－23284502
E-mail：473074036@qq.com
http://www.lnkj.com.cn
本书网址：www.lnkj.cn/uri.sh/7676

敬告读者：
本书采用兆信电码电话防伪系统，书后贴有防伪标签，全国统一防伪查询电
话16840315或8008907799（辽宁省内）

目录 contents

| = 下针(又称为正针、低针或平针)

①将毛线放在织物外侧,右针尖端由前面穿入活结。

挑出线圈

②挑出挂在右针尖上的线圈,同时此活结由左针滑脱。

□ 或 — = 上针(又称为反针或高针)

挑出线圈

①将毛线放在织物前面,右针尖端由后面穿入活结。

②挂上毛线并挑出挂在右针尖上的线圈,同时此活结由左针滑脱。上针完成。

○ = 空针(又称为加针或挂针)

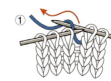

线在右针上绕1圈

①将毛线在右针上从下到上绕1次,并带紧线。

②继续编织下一个圈。到次行时与其他线同样织。实际意义是加了1针,所以又称为针。

Ω = 扭针

右针从后到前插入线圈,将这针扭转方向后织。

①将右针从后到前插入第1个线圈(将待织的这1针扭转)。

挑出线圈

②在右针上挂线,然后从线圈中将线挑出来,同时此活结由左针滑脱。

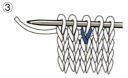

③继续往下织,这是效果图。

Ω = 上针扭针

右针按图示方向插入线圈,将这针扭转方向后再织上针。

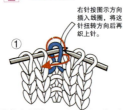

①将右针按图示方向插入第1个线圈(将待织的这1针扭转)。

挑出线圈

②在右针上挂线,然后从线圈中将线挑出来。

◎ = 下针绕3圈

挑出线圈

在正常织下针时,将毛线在右针上绕3圈后从线圈中带出,使线圈拉长。

◎ = 下针绕2圈

挑出线圈

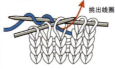

在正常织下针时,将毛线在右针上绕2圈后从线圈中带出,使线圈拉长。

∩ = 滑针

松开到上一行

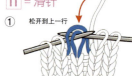

①将左针上第1个线圈退出并松开并滑到上一行(根据花形的需要也可以滑出多行),退出的线圈和松开的上一行毛线用右针挑起。

挑出线圈

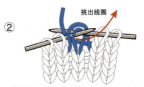

②右针从退出的线圈和松开的上一行毛线中挑出毛线使这形成1个线圈。

③继续编织下一个线圈。

apple

Y = 左加针
Y

①左针第1针正常织。

②左针尖端先从这针的前一行的线圈中从后向前挑起线圈。针从前向后插入并挑出线圈。

③继续织左针挑起的这个线圈。实意义是在这针左侧增加了1针。

继续织左针挑起的这个线圈

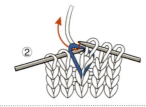

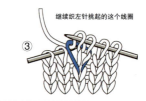

tiger

Y = 右加针
Y

sun

右针从前向后挑起前一行线圈

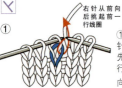

①在织左针第1针前,右针尖端先从这针的前一行的线圈中从前向后插入。

挑出线圈

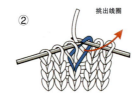

②将线在右针上从下到上绕1次,并挑出线,实际意义是在这针的右侧增加了1针。

继续织左针上的第1针

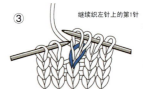

③继续织左针上的第1针。然后此活结由左脱。

∀ = 上浮针

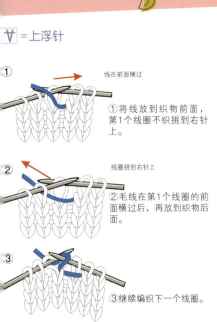

① 线在前面横过

①将线放到织物前面，第1个线圈不织挑到右针上。

② 线圈挑到右针上

②毛线在第1个线圈的前面横过后，再放到织物后面。

③继续编织下一个线圈。

V = 下浮针

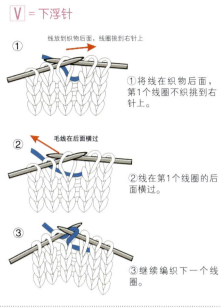

① 线放到织物后面，线圈挑到右针上

①将线在织物后面，第1个线圈不织挑到右针上。

② 毛线在后面横过

②线在第1个线圈的后面横过。

③继续编织下一个线圈。

◯ = 锁针

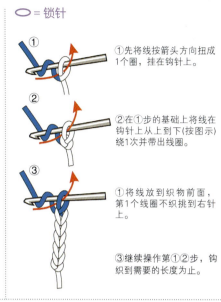

①先将线按箭头方向扭成1个圈，挂在钩针上。

②在①步的基础上将线在钩针上从上到下(按图示)绕1次并带出线圈。

①将线放到织物前面，第1个线圈不织挑到右针上。

③继续操作第①②步，钩织到需要的长度为止。

⊕ = 枣针(3针长针并为1针)

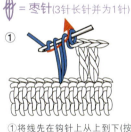

①将线先在钩针上从上到下(按图示)绕1次，再将钩针按箭头方向插入上一行的相应位置中，并带出线圈。

②在第①步的基础上将线在钩针上从上到下(按图示)绕1次并带出线圈。注意这时钩针上有2个线圈了。

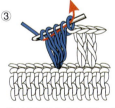

③继续操作第②步两次，这时钩针上就有4个线圈了。

④将线在钩针上从上到下(按图示)绕1次并从这4个线圈中带出线圈。1针"枣针"操作完成。

✕ = 短针

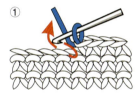

①将钩针按箭头方向插入上一行的相应位置中。

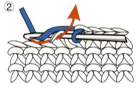

②在第①步的基础上将线在钩针上从上到下(按图示)绕1次并带出线圈。

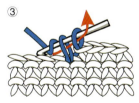

③继续将线在钩针上从上到下(按图示)再绕1次并带出线圈。

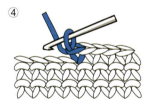

④1针"短针"操作完成。

⋏ = 中上3针并为1针

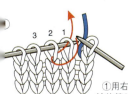

①用右针尖从前往后插入左针的第2、第1针中，然后将左针退出。

②将线从织物的后面带过，正常织第3针。再用左针尖分别将第2针、第1针挑过套住第3针。

⋌ = 右上2针并为1针(又称为拨收1针)

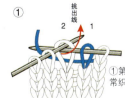

① 挑出线

①第1针不织移到右针上，正常织第2针。

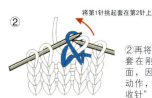

将第1针挑起套在第2针上

②再将第1针用左针挑起套在刚才织的第2针上面，因为有这个拨针的动作，所以又称为"拨收针"。

⋋ = 左上2针并为1针

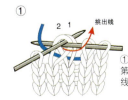

① 挑出线

①右针按箭头的方向从第2针、第1针插入2个线圈中，挑出线。

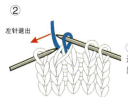

左针退出

②再将第2针和第1针这两个线圈从大针上退出，并针完成。

 orange

 pander

 gift

5

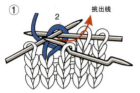 = 1针下针右上交叉

①
挑出线

①第1针不织移到曲针上，右针按箭头的方向从第2针线圈中挑出线。

②

②再正常织第1针(注意：第1针是在织物前面经过)。

③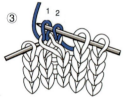

③右上交叉针完成。

 = 1针下针左上交叉

①
挑出线

①第1针不织移到曲针上，右针按箭头的方向从第2针线圈中挑出线。

②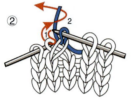

②再正常织第1针(注意：第1针是在织物后面经过)。

③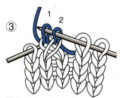

③左上交叉针完成。

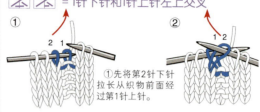 = 1针下针和1针上针左上交叉

① ②

①先将第2针下针拉长从织物前面经过第1针上针。

②先织好第2针下针，再来织第1针上针。"1针下针和1针上针左上交叉"完成。

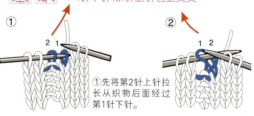 = 1针下针和1针上针右上交叉

① ②

①先将第2针上针拉长从织物后面经过第1针下针。

②先织好第2针下针，再来织第1针上针。"1针下针和1针上针右上交叉"完成。

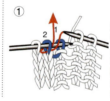 = 1针扭针和1针上针左上交叉

① ②

①第1针暂时不织，右针按箭头方向从第1针前插入第2针线圈中(这样操作后这个线圈或是被扭转了方向的)。

②在第①步的第2针线圈中正常织下针。然后再在第1针线圈中织上针。

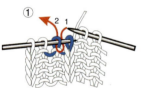 = 1针扭针和1针上针右上交叉

①

①第1针暂不织，右针按箭头方向插入第2针线圈中。

②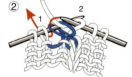

②在第①步的第2针线圈中正常织上针。

③

③再将第1针扭转方向后，右针从上向下插入第1针的线圈中带出线圈(正常织下针)。

 = 1针右上套交叉

① ②

①右针从第1、第2针插入将第2针挑起从第2的线圈中通过并挑出。

②再将右针由前向后插入第二针并挑出线圈。

③

③正常织第1针。

④

④"1针右上套交叉"完成。

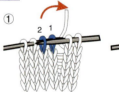 1针左上套交叉

① ②

①将第2针挑起套过第1针。

②再将右针由前向后插入第1针并挑出线圈。

③

③正常织第1针。

④

④"1针左上套交叉"完成。

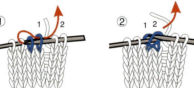 = 1针下针和2针上针左上交叉

① ②

①将第3针下针拉长从织物前面经过第2和第1针上针。

②先织好第3针下针，再织第1和第2针上针。"1针下针和2针上针左上交叉"完成。

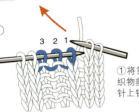 =1针下针和2针上针右上交叉

①将第1针下针拉长从织物前面经过第2和第3针上针。

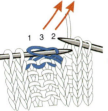

②先织好第2、第3针上针，再来织第1针下针。"1针下针和2针上针右上交叉"完成。

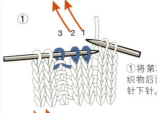 =2针下针和1针上针右上交叉

①将第3针上针拉长从织物后面经过第2和第3针下针。

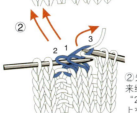

②先织第3针上针，再来织第1和第2针下针。"2针下针和1针上针右上交叉"完成。

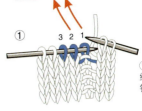 =2针下针和1针上针左上交叉

①将第1针上针拉长从织物后面经过第2和第3针下针。

②先织第2和第3针下针，再来织第1针上针。"2针下针和1针上针左上交叉"完成。

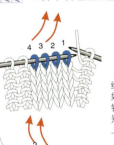 =2针下针右上交叉

①先将第3、第4针从织物后面经过并分别织好它们，再将第1和第2针从织物前面经过并分别织好第1和第2针(在上面)。

②"2针下针右上交叉"完成。

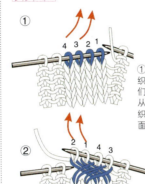 =2针下针左上交叉

①先将第3、第4针从织物前面经过分别织它们，再将第1和第2针从织物后面经过并分别织好第1和第2针(在下面)。

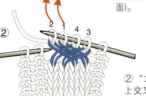

②"2针下针左上交叉"完成。

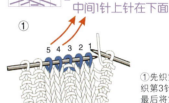 =2针下针右上交叉，中间1针上针在下面

①先织第4、第5针，再织第3针上针(在下面)，最后将第2、第1拉长从织物的前面经过后再分别织第1和第2针。

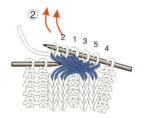

②"2针下针右上交叉，中间1针上针在下面"完成。

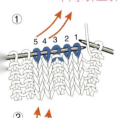 =2针下针左上交叉，中间1针上针在下面

①先将第4、第5针从织物前面经过，再分别织好第4、第5针，再织第3针上针(在下面)，最后将第2、第1拉长从上针的前面经过，并分别织好第1和第2针。

②"2针下针左上交叉，中间1针上针在下面"完成。

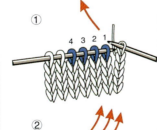 =3针下针和1针下针左上交叉

①先将第1针拉长从织物后面经过第4、第3、第2针。

②分别织好第2、第3和第4针，再织第1针。"3针下针和1针下针左上交叉"完成。

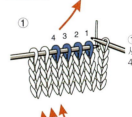 =3针下针和1针下针右上交叉

①先将第4针拉长从织物后面经过第4、第3、第2针。

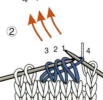

②先织第4针，再分别织好第1、第2和第3针。"3针下针和1针下针右上交叉"完成。

orange

pander

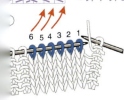 =3针下针右上交叉

①先将第4、第5、第6针从织物后面经过并分别织好它们，再将第1、第2、第3针从织物前面经过并分别织好第1、第2和第3针(在上面)。

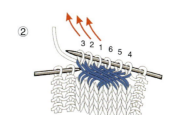

②"3针下针右上交叉"完成。

gift

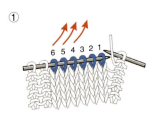 = 3针下针左上交叉

① 先将第4、第5、第6针从织物前面经过并分别织好它们，再将第1、第2、第3针从织物后面经过并分别织好第1、第2和第3针(在下面)。

② "3针下针左上交叉"完成。

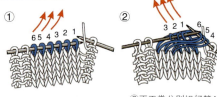 = 3针下针左上套交叉

① 先将第4、第5、第6针拉长并套过第1、第2、第3针。

② 再正常分别织好第4、第5、第6针和第1、第2、第3针"3针下针左上套交叉针"完成。

 = 3针下针右上套交叉

① 先将第1、第2、第3针拉长并套过第4、第5、第6针。

② 再正常分别织好第4、第5、第6针和第1、第2、第3针"3针右上套交叉针"完成。

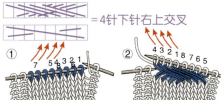  = 4针下针右上交叉

① 先将第5、第6、第7、第8针从织物后面经过并分别织好它们，再将第1、第2、第3、第4针从织物前面经过并分别织好第1、第2、第3和第4针(在上面)。

② "4针下针右上交叉"完成。

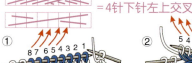 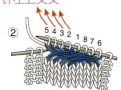 = 4针下针左上交叉

① 先将第5、第6、第7、第8针从织物前面经过并分别织好它们，再将第1、第2、第3、第4针从织物后面经过并分别织好第1、第2、第3和第4针(在下面)。

② "4针下针左上交叉"完成。

 = 在1针中加出3针

① 将线放在织物外侧，右针尖端由前面穿入活结，挑出挂在右针尖上的线圈，左线圈不要松掉。

② 将线在右针上从下到上绕1次，并带紧线，实际意义是又增加了1针，左线圈仍不要松掉。

③ 仍在这1个线圈中继续编织①1次。此时右针上形成了3个线圈。然后此活结由左针滑脱。

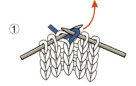 = 在1针中加出5针

① 将线放在织物外侧，右针尖端由前面穿入活结，挑出挂在右针尖上的线圈，左线圈不要松掉。

② 将线在右针上从下到上绕1次，并带紧线，实际意义是又增加了1针，左线圈仍不要松掉。

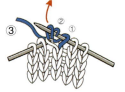

③ 在1个线圈中继续编织①1次。此时右针上形成了3个线圈。左线圈仍不要松掉。

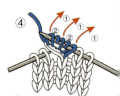

④ 仍在这一个线圈中继续编织②和①1次。此时右针上形成了5个线圈。然后此活结由左针滑脱。

 = 5针并为1针，又加成5针

① 右针由前向后从第5、第4、第3、第2、第1针(5个线圈中)插入。

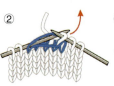

② 将线在右针尖端从下往上绕过，并挑出挂在右针尖上的线圈，左5个线圈不要松掉。

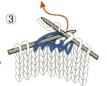

③ 将线在右针上从下到上绕1次，并带紧线，实际意义是又增加了1针，左线圈不要松掉。

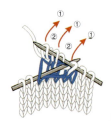

④ 仍在这5个线圈小继续编织②和①各1次。此时右针上形成了5个线圈。然后这5个线圈由左针滑脱。

apple

tiger

sun

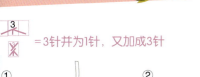

= 3针并为1针，又加成3针

①右针由前向后从第3、第2、第1针(3个线圈中)插入。

②将线在右针尖端从下往上绕过，并挑出挂在右针尖上的线圈，左针3个线圈不要松掉。

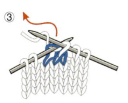

③将线在右针上从下到上再绕1次，并带紧线，实际意义是又增加了1针，左线圈仍不要松掉。

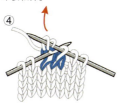

④继续在这3个线圈中编织①1次。此时右针上形成了3个线圈。然后这3个线圈才由左针滑脱。

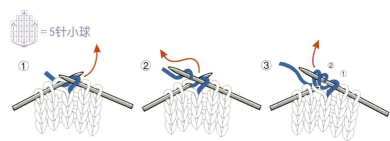

= 5针小球

①将毛线放在织物外侧，右针尖端由前面穿入活结，挑出挂在右针尖上的线圈，左线圈不要松掉。

②将毛线在右针上从下到上绕1次，并带紧线，实际意义是又增加了1针，左线圈仍不要松掉。

③在这1个线圈中继续编织①1次。此时右针上形成了3个线圈。左线圈仍不要松掉。

④仍在这1个线圈中继续编织②和①次。此时右针上形成了5个线圈。然后此活结由左针滑脱。

⑤将上一步形成的5个线圈按虚箭头方向织6行下针。到第4行两侧各收1针，第5行下针，第6行织"中上3针并为1针"。小球完成后进入正常的编织状态。

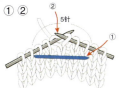

= 蝴蝶针

①第1行将线置于正面，移动5针至右针上。

②第2行继续编织下针。

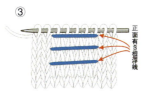

③第3、4、5、6行重复第1、第2行。到正面有3根浮线时织回到另一端。

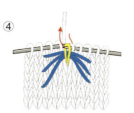

④将第3针和前6行浮起的3根线一起编织下针。

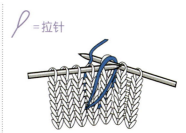

= 拉针

先将右针从织物正面的任一位置(根据花型来确定)插入，挑出1个线圈来，然后和左针上的第1针同时编织为1针。

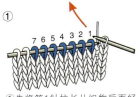

= 6针下针和1针下针右上交叉

①先将第1针拉长从织物后面经过第6、第5……第1针。

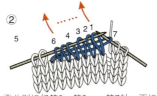

②分别织好第2、第3……第7针，再织第1针。"6针下针和1针下针右上交叉"完成。

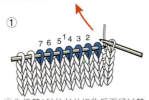

= 6针下针和1针下针左上交叉

①先将第1针拉长从织物后面经过第6、第5……第1针。

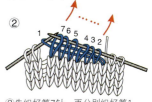

②先织好第7针，再分别织好第1、第2……第6针。"6针下针和1针下针左上交叉"完成。

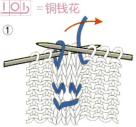

= 铜钱花

①先将第3针挑过第2和第1针(用线圈套住它们)。

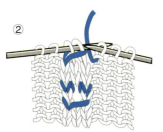

②继续编织第1针。

③加1针(空针)，实际意义是增加了1针，弥补①中挑过的那针。

④继续编织第3针。

艳丽连衣裙

85cm ▶ 编织方法 p81~87

01

-·Tips·-

模特年龄:3岁2个月

模特身高:100cm

适合年龄:1~5岁

适合身高:80~120cm

衣身长度:57cm

适合线材:棉线、宝宝绒、蚕丝蛋白绒

个性外套

85cm ▶ 编织方法 p82~83

02

编织方法 p82~83

-------------------- *Tips* --------------------

特年龄：3岁5个月
特身高：105cm
合年龄：1~5岁
合身高：80~120cm
身长度：40cm
合线材：棉线、宝宝绒、蚕丝蛋白绒

orange

pander

gift

复古毛衣裙

85cm ▶ 编织方法 p83~85

03

------- *Tips* -------

模特年龄：3 岁 2 个月
模特身高：100cm
适合年龄：1~5 岁
适合身高：80~120cm
衣身长度：46cm
适合线材：棉线、宝宝绒、蚕丝蛋白绒

apple

tiger

sun

12

花朵套头衫

85cm > 编织方法 p85~86

04

----------- Tips -----------

模特年龄：3岁2个月

模特身高：100cm

适合年龄：1~5岁

适合身高：80~120cm

衣身长度：38cm

适合线材：棉线、宝宝绒、蚕丝蛋白绒

orange

pander

gift

连帽牛角外套

85cm ➤ 编织方法 p86~88

（05）

- Tips -

模特年龄：3岁2个月

模特身高：100cm

适合年龄：1~5岁

适合身高：80~120cm

衣身长度：41cm

适合线材：棉线、宝宝绒、蚕丝蛋白绒

apple

tiger

sun

happy

花样年华套头衫

85cm ▶ 编织方法 p88~89

09

特年龄：3岁2个月

特身高：100cm

合年龄：1~5岁

合身高：80~120cm

身长度：40cm

合线材：棉线、宝宝绒、蚕丝蛋白绒

orange

pander

gift

特色花朵套头衫

85cm > 编织方法 p90~91

07

编织方法 p90~91

apple

tiger

sun

Tips

模特年龄：3 岁 2 个月

模特身高：100cm

适合年龄：1~5 岁

适合身高：80~120cm

衣身长度：36cm

适合线材：棉线、宝宝绒、蚕丝蛋白绒

优雅蝴蝶结连衣裙

85cm ➤ 编织方法 p92〜93

08

------- Tips --------

模特年龄：3岁2个月

模特身高：100cm

适合年龄：1〜5岁

适合身高：80〜120cm

衣身长度：40cm

适合线材：棉线、宝宝绒、蚕丝蛋白绒

休闲V领毛衣

85cm ▶ 编织方法 p93~94

09

Tips

模特年龄：3岁5个月
实际身高：105cm
适合年龄：1~5岁
适合身高：80~120cm
衣长度：50cm
素材：棉线、宝宝绒、蚕丝蛋白绒

orange

pander

gift

3 ~ 5 岁

靓丽玫红毛衣

85cm ▶ 编织方法 p95~96

10

- - - - - - - - Tips - - - - - - - -

模特年龄：3岁2个月
模特身高：100cm
适合年龄：1~5岁
适合身高：80~120cm
衣身长度：36cm
适合线材：棉线、宝宝绒、蚕丝蛋白绒

apple

tiger

sun

中性风套头毛衣

85cm ▶ 编织方法 p96~97

(11)

- - - - - - - - - - - - - - - · Tips · - - - - - - - - - - - - - - -

模特年龄：3岁2个月

模特身高：100cm

适合年龄：1~5岁

适合身高：80~120cm

衣身长度：46cm

适合线材：棉线、宝宝绒、蚕丝蛋白绒

orange

pander

gift

温暖套头衫

85cm ▶ 编织方法 p98~99

12

┈┈┈┈┈┈┈┈┈┈┈┈┈┈┈┈┈┈ Tips ┈┈┈┈

模特年龄：3岁2个月

模特身高：100cm

适合年龄：1~5岁

适合身高：80~120cm

衣身长度：38cm

适合线材：棉线、宝宝绒、蚕丝蛋白绒

apple

tiger

sun

浪漫紫色外套

85cm ▶ 编织方法 p99~100

13

·Tips·

模特年龄：3 岁 2 个月

模特身高：100cm

适合年龄：1~5 岁

适合身高：80~120cm

衣身长度：29cm

适合线材：棉线、宝宝绒、蚕丝蛋白绒

orange

pander

gift

大气蓝色套头衫

85cm ▶ 编织方法 p100~101

14

- Tips -

模特年龄：3岁2个月

模特身高：100cm

适合年龄：1~5岁

适合身高：80~120cm

衣身长度：43cm

适合线材：棉线、宝宝绒、蚕丝蛋白绒

特色围裙装

85cm ▶ 编织方法 p102~103

15

莫特年龄：3岁2个月
莫特身高：100cm
适合年龄：1~5岁
适合身高：80~120cm
衣身长度：45cm
适合线材：棉线、宝宝绒、蚕丝蛋白绒

 orange

 pander

 gift

· Tips ·

模特年龄：3岁2个月
模特身高：100cm
适合年龄：1～5岁
适合身高：80～120cm
衣身长度：39cm
适合线材：棉线、宝宝绒、蚕丝蛋白绒

实用男童背心

85cm ▶ 编织方法 p103～104

16

apple

tiger

sun

26

优雅花朵连衣裙

85cm ▶ 编织方法 p104~106

17

---------------------------- ·Tips·-------------

模特年龄：3岁2个月

模特身高：100cm

适合年龄：1~5岁

适合身高：80~120cm

衣身长度：47cm

适合线材：棉线、宝宝绒、蚕丝蛋白绒

orange

pander

gift

个性背心裙

85cm > 编织方法 p106~107

18

⸺ Tips ⸺

模特年龄：3岁2个月

模特身高：100cm

适合年龄：1~5岁

适合身高：80~120cm

衣身长度：54cm

适合线材：棉线、宝宝绒、蚕丝蛋白绒

休闲V领背心

85cm ▶ 编织方法 p108~109

19

Tips

模特年龄：3 岁 5 个月
模特身高：105cm
适合年龄：1~5 岁
适合身高：80~120cm
衣身长度：40cm
适合线材：棉线、宝宝绒、蚕丝蛋白绒

orange

pander

gift

美人鱼连衣裙

85cm ▶ 编织方法 p109~110

20

Tips

模特年龄：3岁5个月
模特身高：105cm
适合年龄：1~5岁
适合身高：80~120cm
衣身长度：70cm
适合线材：棉线、宝宝绒、蚕丝蛋白绒

创意披肩

85cm ▶ 编织方法 p110~111

21

------------- *Tips* -------------

模特年龄：3岁2个月

模特身高：100cm

适合年龄：1~5岁

适合身高：80~120cm

衣身长度：34cm

适合线材：棉线、宝宝绒、蚕丝蛋白绒

线材选购：http://35934919.taobao.com/

orange

pander

gift

淑女风连衣裙

85cm ▶ 编织方法 p112~113

22

┄┄┄┄┄┄┄┄┄ ❧ *Tips* ❧ ┄┄┄┄┄┄┄┄┄

模特年龄：3岁5个月

模特身高：105cm

适合年龄：1~5岁

适合身高：80~120cm

衣身长度：48cm

适合线材：棉线、宝宝绒、蚕丝蛋白绒

apple

tiger

sun

秀雅树叶花毛衣

85cm ▶ 编织方法 p113~114

23

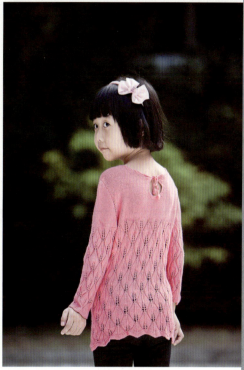

------- Tips -------

模特年龄：3岁2个月

模特身高：100cm

适合年龄：1~5岁

适合身高：80~120cm

衣身长度：43cm

适合线材：棉线、宝宝绒、蚕丝蛋白绒

orange

pander

gift

33

卡通套头毛衣

85cm　**编织方法** P115〜116

24

·Tips·

模特年龄：3岁2个月

模特身高：100cm

适合年龄：1〜5岁

适合身高：80〜120cm

衣身长度：43cm

适合线材：棉线、宝宝绒、蚕丝蛋白绒

百搭小外套

85cm ▶ 编织方法 p117~118

25

------- Tips -------

模特年龄：3岁2个月

模特身高：100cm

适合年龄：1~5岁

适合身高：80~120cm

衣身长度：38cm

适合线材：棉线、宝宝绒、蚕丝蛋白绒

orange

pander

gift

粉色童趣背心

85cm ▶ 编织方法 p118~119

26

------------------------------ ·Tips· ------------------------------

模特年龄：3岁2个月

模特身高：100cm

适合年龄：1~5岁

适合身高：80~120cm

衣身长度：37cm

适合线材：棉线、宝宝绒、蚕丝蛋白绒

自然系纯色小外套

85cm ▶ 编织方法 p120~121

27

Tips

模特年龄：3岁2个月

模特身高：100cm

适合年龄：1~5岁

适合身高：80~120cm

衣身长度：44cm

适合线材：棉线、宝宝绒、蚕丝蛋白绒

orange

pander

gift

俏丽花朵公主裙

85cm ▶ 编织方法 P171~172

28

Tips

模特年龄：3 岁 2 个月

模特身高：100cm

适合年龄：1~5 岁

适合身高：80~120cm

衣身长度：19cm

适合线材：棉线、宝宝绒、蚕丝蛋白绒

·Tips·

模特年龄：3岁2个月
模特身高：100cm
适合年龄：1~5岁
适合身高：80~120cm
披肩长度：81cm
适合线材：棉线、宝宝绒、蚕丝蛋白绒

大气花朵披肩

85cm ▶ 编织方法 p173~174

29

orange

pander

gift

清新波浪纹男孩装

85cm ▶ 编织方法 p124~125

30

⋯⋯⋯⋯⋯⋯⋯⋯⋯⋯⋯⋯⋯ •Tips•

模特年龄：3岁5个月
模特身高：105cm
适合年龄：1~5岁
适合身高：80~120cm
衣身长度：50cm
适合线材：棉线、宝宝绒、蚕丝蛋白绒

apple

tiger

sun

40

清爽镂空装

85cm ＞ 编织方法 p126~127

31

------------ Tips ------------

模特年龄：3岁2个月

模特身高：100cm

适合年龄：1~5岁

适合身高：80~120cm

衣身长度：36cm

适合线材：棉线、宝宝绒、蚕丝蛋白绒

 orange

 pander

 gift

娇艳橘色外套

85cm 编织方法 p177~178

32

 Tips

模特年龄：3 岁 2 个月

模特身高：100cm

适合年龄：1~5 岁

适合身高：80~120cm

衣身长度：36cm

适合线材：棉线、宝宝绒、蚕丝蛋白绒

粉色清爽短袖

85cm ▶ 编织方法 p129~130

33

───── Tips ─────

莫特年龄：3岁5个月

莫特身高：105cm

舌合年龄：1~5岁

舌合身高：80~120cm

衣身长度：39cm

舌合线材：棉线、宝宝绒、蚕丝蛋白绒

orange

pander

gift

apple

tiger

sun

3~5岁

清纯金鱼连衣裙

85cm > 编织方法 p130~131

34

─────── ·Tips· ───────

模特年龄：3 岁 2 个月

模特身高：100cm

适合年龄：1~5 岁

适合身高：80~120cm

衣身长度：50cm

适合线材：棉线、宝宝绒、蚕丝蛋白绒

44

复古纯色外套

85cm ▶ 编织方法 p131~133

35

编织方法 p131~133

·Tips·

模特年龄：3岁2个月
模特身高：100cm
适合年龄：1~5岁
适合身高：80~120cm
衣身长度：34cm
适合线材：棉线、宝宝绒、蚕丝蛋白绒

 orange

 pander

 gift

卡通套头衫

85cm ▶ 编织方法 p133~134

36

·Tips·

模特年龄：3岁5个月
模特身高：105cm
适合年龄：1~5岁
适合身高：80~120cm
衣身长度：39cm
适合线材：棉线、羊毛线、蚕丝蛋白绒

甜美糖果衣

85cm ▶ 编织方法 p134~136

37

---- Tips ----

模特年龄：3 岁 5 个月

模特身高：105cm

适合年龄：1~5 岁

适合身高：80~120cm

衣身长度：37cm

适合线材：棉线、宝宝绒、蚕丝蛋白绒

orange

pander

gift

3~5岁

水墨连衣裙

85cm ▶ 编织方法 p136~137

38

- Tips

模特年龄：3岁5个月
模特身高：105cm
适合年龄：1~5岁
适合身高：80~120cm
衣身长度：46cm
适合线材：棉线、宝宝绒、蚕丝蛋白绒

apple

tiger

sun

优雅花朵外套

85cm ▶ 编织方法 p137~139

39

------------------ *Tips* ------------------

模特年龄：3岁2个月

模特身高：100cm

适合年龄：1~5岁

适合身高：80~120cm

衣身长度：37cm

适合线材：棉线、宝宝绒、蚕丝蛋白绒

orange

pander

gift

绣花公主裙

85cm ▶ 编织方法 P140~141

40

apple

tiger

sun

----- Tips -----

模特年龄：3 岁 2 个月

模特身高：100cm

适合年龄：1~5 岁

适合身高：80~120cm

衣身长度：53cm

适合线材：棉线、宝宝绒、蚕丝蛋白绒

休闲卫衣款毛衣

85cm ▶ 编织方法 p142~143

41

------------------- •Tips• -------------------
模特年龄：3岁2个月
模特身高：100cm
适合年龄：1~5岁
适合身高：80~120cm
衣身长度：40cm
适合线材：棉线、宝宝绒、蚕丝蛋白绒

orange

pander

gift

蕾丝边连帽毛衣

85cm ▶ 编织方法 p143~145

42

Tips

模特年龄：3岁2个月
模特身高：100cm
适合年龄：1~5岁
适合身高：80~120cm
衣身长度：35cm
适合线材：棉线、宝宝绒、蚕丝蛋白绒

apple

tiger

sun

创意款披肩

85cm > 编织方法 p145~146

43

-------------- *Tips* --------------

模特年龄：3岁2个月

模特身高：100cm

适合年龄：1~5岁

适合身高：80~120cm

衣身长度：32cm

适合线材：棉线、宝宝绒、蚕丝蛋白绒

 orange

 pander

 gift

卡通套头衫

85cm ▶ 编织方法 p146~147

44

-------- Tips --------

模特年龄：3岁2个月

模特身高：100cm

适合年龄：1~5岁

适合身高：80~120cm

衣身长度：40cm

适合线材：棉线、宝宝绒、蚕丝蛋白绒

活力女孩装

85cm ▶ 编织方法 p148～149

45

·Tips·

模特年龄：3 岁 2 个月

模特身高：100cm

适合年龄：1～5 岁

适合身高：80～120cm

衣身长度：38cm

适合线材：棉线、宝宝绒、蚕丝蛋白绒

orange

pander

gift

实用段染外套

85cm ▶ 编织方法 p149~151

46

┄┄┄┄┄┄┄┄┄┄┄┄┄┄┄┄┄┄┄ Tips ┄┄┄┄┄┄┄

模特年龄：3岁2个月

模特身高：100cm

适合年龄：1~5岁

适合身高：80~120cm

衣身长度：41cm

适合线材：棉线、宝宝绒、蚕丝蛋白绒

粉红淑女裙

85cm ➤ 编织方法 p152~153

47

------- Tips -------

模特年龄：3岁2个月
模特身高：100cm
适合年龄：1~5岁
适合身高：80~120cm
衣身长度：38cm
适合线材：棉线、宝宝绒、蚕丝蛋白绒

orange

pander

gift

apple

tiger

sun

百搭深色外套

85cm ▶ 编织方法 p153~154

48

┄┄┄┄┄┄┄┄┄┄┄┄ •Tips•

模特年龄：3岁5个月
模特身高：105cm
适合年龄：1~5岁
适合身高：80~120cm
衣身长度：45cm
适合线材：棉线、宝宝绒、蚕丝蛋白绒

可爱卡通外套

85cm ▶ 编织方法 p155~156

49

------------- Tips -------------

模特年龄：3岁2个月

模特身高：100cm

适合年龄：1~5岁

适合身高：80~120cm

衣身长度：34cm

适合线材：棉线、宝宝绒、蚕丝蛋白绒

orange

pander

gift

精致两件套

85cm ▶ 编织方法 p157~158

50

------------- *Tips* -------------

模特年龄：3岁2个月

模特身高：100cm

适合年龄：1~5岁

适合身高：80~120cm

衣身长度：34cm

适合线材：棉线、宝宝绒、蚕丝蛋白绒

休闲粉色开衫

85cm ▶ 编织方法 p158~159

51

模特年龄：3岁2个月
模特身高：100cm
适合年龄：1~5岁
适合身高：80~120cm
衣身长度：34cm
适合线材：棉线、宝宝绒、蚕丝蛋白绒

温暖粉色套头衫

85cm ▶ 编织方法 p160~161

52

· Tips ·

模特年龄：3岁2个月
模特身高：100cm
适合年龄：1~5岁
适合身高：80~120cm
衣身长度：38cm
适合线材：棉线、宝宝绒、蚕丝蛋白绒

 orange

 pander

 gift

61

橘色蝙蝠衫

85cm ➤ 编织方法 p161~162

53

------------------------------- Tips -------------------------------

模特年龄：3岁2个月

模特身高：100cm

适合年龄：1~5岁

适合身高：80~120cm

衣身长度：35.5cm

适合线材：棉线、宝宝绒、蚕丝蛋白绒

波浪纹娃娃裙

85cm ▶ 编织方法 p163~164

54

------------------ Tips ------------------

模特年龄 : 3岁2个月

模特身高 : 100cm

适合年龄 : 1~5岁

适合身高 : 80~120cm

衣身长度 : 38.5cm

适合线材 : 棉线、宝宝绒、蚕丝蛋白绒

 orange

 pander

 gift

清爽吊带裙

85cm ▶ 编织方法 p164~165

55

Tips

模特年龄：3 岁 2 个月
模特身高：100cm
适合年龄：1~5 岁
适合身高：80~120cm
衣身长度：50cm
适合线材：棉线、宝宝绒、蚕丝蛋白绒

3～5岁

apple

tiger

sun

64

清纯白色连衣裙

85cm ➤ 编织方法 p166~167

56

-Tips-

模特年龄：3 岁 2 个月

模特身高：100cm

适合年龄：1~5 岁

适合身高：80~120cm

衣身长度：49cm

适合线材：棉线、宝宝绒、蚕丝蛋白绒

 orange

 pander

 gift

简洁娃娃装

85cm ▶ 编织方法 p167~168

57

· Tips ·

模特年龄 : 3 岁 2 个月

模特身高 : 100cm

适合年龄 : 1~5 岁

适合身高 : 80~120cm

衣身长度 : 41cm

适合线材 : 棉线、宝宝绒、蚕丝蛋白绒

apple

tiger

sun

高腰绿色连衣裙

85cm ▶ 编织方法 p168~170

58

------- Tips -------

模特年龄：3岁2个月
模特身高：100cm
适合年龄：1~5岁
适合身高：80~120cm
衣身长度：46cm
适合线材：棉线、宝宝绒、蚕丝蛋白绒

 orange

 pander

 gift

复古套装

85cm ▶ 编织方法 p170～172

59

━━━━━━━━ *Tips* ━━━━━━━━

模特年龄：3 岁 2 个月

模特身高：100cm

适合年龄：1～5 岁

适合身高：80～120cm

衣身长度：25cm

适合线材：棉线、宝宝绒、蚕丝蛋白绒

apple

tiger

sun

温暖流苏披风

85cm ▶ 编织方法 p173~174

60

-------- *Tips* --------

模特年龄：3岁2个月
模特身高：100cm
适合年龄：1~5岁
适合身高：80~120cm
衣身长度：27.5cm
适合线材：棉线、宝宝绒、蚕丝蛋白绒

 orange

 pander

 gift

艳丽女孩装

85cm ▶ 编织方法 p174~175

61

·Tips·

模特年龄：3岁2个月
模特身高：100cm
适合年龄：1~5岁
适合身高：80~120cm
衣身长度：40cm
适合线材：棉线、宝宝绒、蚕丝蛋白绒

apple

tiger

sun

绿色口袋背心裙

85cm ➤ 编织方法 p176~177

62

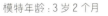
------------- Tips -----------

模特年龄：3岁2个月

模特身高：100cm

适合年龄：1~5岁

适合身高：80~120cm

衣身长度：48cm

适合线材：棉线、宝宝绒、蚕丝蛋白绒

orange

pander

gift

娇艳蝴蝶结连衣裙

85cm ➤ 编织方法 p177~178

63

·Tips·

模特年龄：3岁2个月

模特身高：100cm

适合年龄：1~5岁

适合身高：80~120cm

衣身长度：48cm

适合线材：棉线、宝宝绒、蚕丝蛋白绒

apple

tiger

sun

可爱小外套

85cm ▶ 编织方法 p178~179

64

········· *Tips* ·········

模特年龄：3岁5个月
模特身高：105cm
适合年龄：1~5岁
适合身高：80~120cm
衣身长度：32cm
适合线材：棉线、宝宝绒、蚕丝蛋白绒

orange

pander

gift

简约黄色披肩

85cm ▶ 编织方法 p180

65

------- Tips -------

模特年龄：3岁2个月

模特身高：100cm

适合年龄：1~5岁

适合身高：80~120cm

衣身长度：84cm

适合线材：棉线、宝宝绒、蚕丝蛋白绒

简约配色外套

85cm ▶ 编织方法 p181~182

66

┄┄┄┄┄┄┄┄┄┄ Tips ┄┄┄┄┄┄┄┄┄┄

模特年龄：3岁5个月

模特身高：105cm

适合年龄：1~5岁

适合身高：80~120cm

衣身长度：40cm

适合线材：棉线、宝宝绒、蚕丝蛋白绒

orange

pander

gift

apple

tiger

sun

实用款小外套

85cm ▶ 编织方法 p182~184

67

Tips

模特年龄：3岁2个月

模特身高：100cm

适合年龄：1~5岁

适合身高：80~120cm

衣身长度：38cm

适合线材：棉线、宝宝绒、蚕丝蛋白绒

实用款小外套

火红高领毛衣

85cm ▶ 编织方法 p184~186

68

模特年龄：3岁5个月
模特身高：105cm
适合年龄：1~5岁
适合身高：80~120cm
衣身长度：39cm
适合线材：棉线、宝宝绒、蚕丝蛋白绒

 orange

 pander

 gift

童趣套头衫

85cm ▶ 编织方法 p186~188

69

Tips

模特年龄：3岁5个月
模特身高：105cm
适合年龄：1~5岁
适合身高：80~120cm
衣身长度：40cm
适合线材：棉线、宝宝绒、蚕丝蛋白绒

apple

tiger

sun

中性风系带衫

85cm ▶ 编织方法 p188~190

70

-------------- •Tips• --------------

模特年龄：3岁2个月

模特身高：100cm

适合年龄：1~5岁

适合身高：80~120cm

衣身长度：30cm

适合线材：棉线、宝宝绒、蚕丝蛋白绒

orange

pander

gift

3～5岁

不对称竖纹外套

85cm > 编织方法 p191~192

71

········· Tips ·········

模特年龄：3岁5个月
模特身高：105cm
适合年龄：1~5岁
适合身高：80~120cm
衣身长度：34cm
适合线材：棉线、宝宝绒、蚕丝蛋白绒

apple

tiger

sun

80

艳丽连衣裙

【成品规格】衣长57cm，半胸围31cm
【工　　具】12号棒针
【编织密度】36针×30行=10cm²
【材　　料】红色棉线500g

前片/后片制作说明

1.棒针编织法，衣身袖窿以下一片环形编织，袖窿起分为前片、后片来编织，织至衣领，又合并环形编织。

2.起织，双罗纹针起针法，起336针织花样A，织4行后，改织花样B，每12针为一组，共28组花样，织至100行，将织片分成前片和后片分别编织，前后片针数相同，织至136行，前片后分别余下112针。

分配后片的112针到棒针上，继续编织花样B，完成后加起56针，加起的针改织花样A，然后再织前片的112针，织花样B，最后加起56针，织花样A，共336针环织，织至146行，改织花样C，织至172行，织片余下84针，单罗纹收针法，收针断线。

花样B

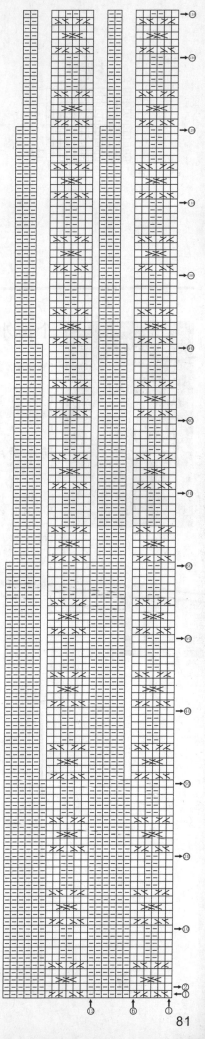

花样A

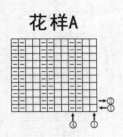

花样C

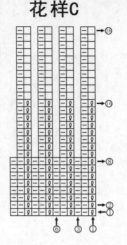

个性外套

【成品规格】衣长40cm，半胸围32cm，肩宽
　　　　　　23.5cm，袖长31cm
【工　具】13号棒针
【编织密度】30针×40行=10cm²
【材　料】蓝色棉线400g

前片/后片制作说明

1.棒针编织法，袖窿以下一片编织，袖窿起分为左前片、右前片、后片来编织。

2.起织，下针起针法，起198针织花样A，织10行后，改织花样B，织至84行，第85行起，将织片分成左前片，右片和右前片，左前片取26针，后片取96针，右前片取76针编织。

3.起织后片，织花样B，起织时两侧袖窿减针，方法为1-4-1，2-1-6，织至157行，中间留起38针不织，两侧减针，方法为2-1-3，织至160行，两侧肩部各余下16针，收针断线。

4.起织左前片，左侧衣身20针织花样B，右侧衣襟织6针织花样A，起织时左侧袖窿减针，方法为1-4-1，2-1-

6，织至160行，肩部余下16针，收针断线。

5.起织右前片，右侧衣身70针织花样B，左侧衣襟织6针花样起织时右侧袖窿减针，方法为1-4-1，2-1-6，织至140行，第141行起，将织片第38针留起不织，两侧减针织成前领，方法为2-2-1，2-1-4，织至160行，右侧肩部织下16针，左侧余下6针，收针断线。

6.将左右前片与后片的两肩部对应缝合。

领片制作说明

1.棒针编织法，一片编织完成。

2.沿领口挑针起织，挑起82针织花样A，织10行后，下针收针法，收针断线。注意衣领接口位置留一个扣眼。

袖片制作说明

1.棒针编织法，编织两只袖片。从袖口起织。

2.下针起针法，起54针，织花样A，织10行后，改织花样B，两侧一边织一边加针，方法为6-1-13，两侧的针数各增加13针，织至96行。接着减针编织袖山，两侧同时减针，方法为1-4-1，2-2-14，两侧各减少32针，织至124行，织片余下16针，收针断线。

3.同样的方法再编织另一袖片。

4.缝合方法:将袖山对应前片与后片的袖窿线，用线缝合，再将两袖侧缝对应缝合。

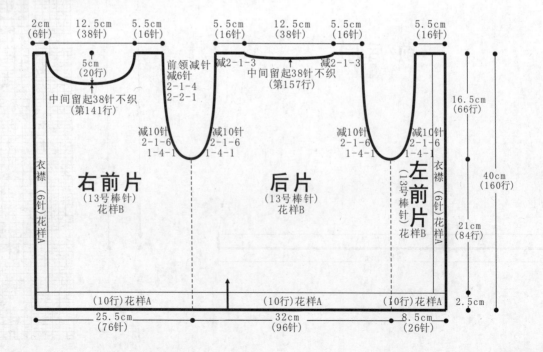

领片
（13号棒针）
花样A

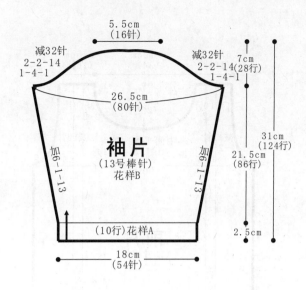

5.5cm
（16针）

减32针
2-2-14
1-4-1

减32针
2-2-14
1-4-1

7cm
（28行）

26.5cm
（80针）

袖片
（13号棒针）
花样B

加6-1-13

加6-1-13

31cm
（124行）

21.5cm
（86行）

（10行）花样A

2.5cm

18cm
（54针）

花样B

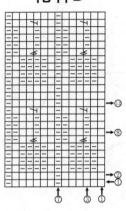

符号说明：

□　上针

□=□　下针

□　左加针

□　左上2针并1针（上针时）

2-1-3　行-针-次

↑　编织方向

花样A

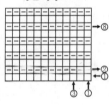

复古毛衣裙

【成品规格】衣长46cm，半胸围31cm，肩宽
　　　　　　23cm，袖长38cm

【工　　具】10号棒针

【编织密度】29针×38行=10cm²

【材　　料】红色棉线400g，白色棉线100g

前片/后片制作说明

1.棒针编织法，衣身分为前片、后片来编织。

2.起织后片，下针起针法，白色线起126针织花样A，织8行后，改为红色线织花样B，织至38行，织片余下90针，改为白色线织花样A，织至46行，改为红色线织全下针，织至134行，两侧开始袖窿减针，方法为1-4-1，4-2-4，织至173行，中间平收30针，两侧减针，方法为2-1-2，织至176行，两侧肩部各余下16针，收针断线。

3.起织前片，下针起针法，白色线起126针织花样A，织8行后，改为红色线织花样B，织至38行，织片余下90针，改为白色线织花样A，织至46行，改为红色线织全下针与花样C组合编织，如结构图所示，织至134行，两侧开始袖窿减针，方法为1-4-1，4-2-4，织至155行，

中间平收14针，两侧减针，方法为2-2-5，织至176行，两侧肩部各余下16针，收针断线。

4.将前片与后片的两侧缝对应缝合，两肩部对应缝合。

领片制作说明

1.棒针编织法，环形编织完成。

2.挑织衣领，沿前后领口挑起104针，编织下针，织4行后，第5行织上针，然后再织3行下针，第8行向内与起针缝合成双层机织领，断线。

3.沿双层领口边缘挑针起织，挑起104针织花样D，织16行后，下针收针法，收针断线。

袖片制作说明

1.棒针编织法，编织两片袖片。从袖口起织。

2.下针起针法，白色线起84针织花样A，织8行后，改为红色线织花样B，织至38行，织片余下46针，改为白色线织花样A，织至46行，改为红色线织全下针，两侧一边织一边加针，方法为10-1-7，织至122行，开始减针编织袖山，两侧同时减针，方法为1-4-1，4-2-5，织至144行，织片余下46针，收针断线。

3.同样的方法再编织另一袖片。

4.缝合方法：将袖山对应前片与后片的袖窿线，用线缝合，再将两袖侧缝对应缝合。

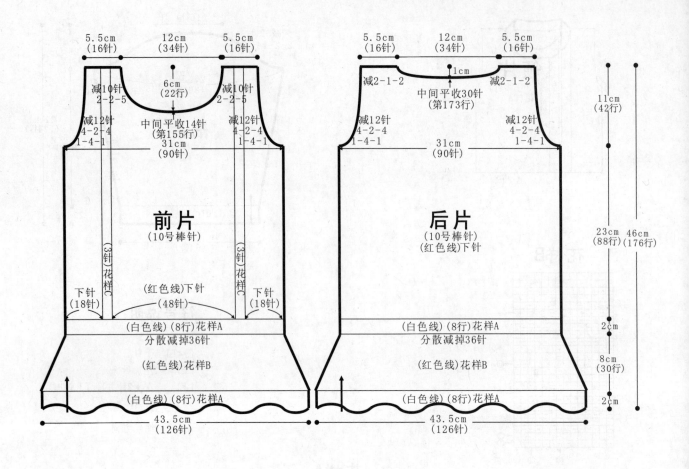

前片
(10号棒针)

5.5cm
(16针)
12cm
(34针)
5.5cm
(16针)

6cm
(22行)

减10针
2-2-5

减10针
2-2-5

中间平收14针
(第155行)
31cm
(90针)

减12针
4-2-4
1-4-1

减12针
4-2-4
1-4-1

(3针)花样C

(3针)花样C

下针
(18针)

(红色线)下针
(48针)

下针
(18针)

(白色线)(8行)花样A
分散减掉36针

(红色线)花样B

(白色线)(8行)花样A

43.5cm
(126针)

后片
(10号棒针)
(红色线)下针

5.5cm
(16针)
12cm
(34针)
5.5cm
(16针)

1cm

减2-1-2

减2-1-2

中间平收30针
(第173行)

减12针
4-2-4
1-4-1

减12针
4-2-4
1-4-1

31cm
(90针)

(白色线)(8行)花样A
分散减掉36针

(红色线)花样B

(白色线)(8行)花样A

43.5cm
(126针)

11cm
(42行)

23cm
(88行)

46cm
(176行)

2cm

8cm
(30行)

2cm

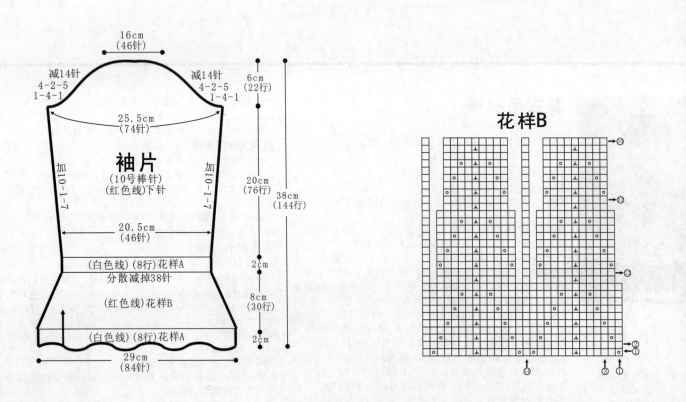

袖片
(10号棒针)
(红色线)下针

16cm
(46针)

减14针
4-2-5
1-4-1

减14针
4-2-5
1-4-1

6cm
(22行)

25.5cm
(74针)

加10-1-7

加10-1-7

20cm
(76行)

38cm
(144行)

20.5cm
(46针)

(白色线)(8行)花样A
分散减掉38针

(红色线)花样B

(白色线)(8行)花样A

29cm
(84针)

2cm

8cm
(30行)

2cm

花样B

84

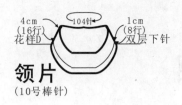

4cm (16行) 花样D　104针　1cm (8行) 双层下针

领片
(10号棒针)

花样A
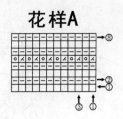

花样C
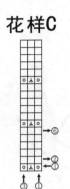

花样D
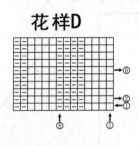

符号说明：

□　上针

□=1　下针

○　镂空针

⊠　左上2针并1针

⋏　中上3针并1针

2-1-3　行-针-次

↑　编织方向

花朵套头衫

【成品规格】衣长38cm，胸宽30cm
【工　　具】12号棒针
【编织密度】31针×33行=10cm²
【材　　料】玫红色羊毛线300g，红色、黄色、
　　　　　　肉色线少许，彩扣子3枚

前片/后片/领片/袖片制作说明

1.棒针编织法，从上往下编织。至袖窿分成前后连片编织，和分成左右两袖片各自编织。

2.从领口起织，双罗纹起针法，起140针，首尾连接，起织花样A双罗纹针，不加减针，编织12行的高度。下一行起，全织下针，并且进行加针编织，每14针一组，每组加1针，一圈共加成10针，加针后，不加减针6行，下一行进行第二次加针，此后的加针都是每14针一组进行加针的，加针的位置不固定。每6行进行一次加针，如此重复编织，将领胸片织成42行的高度，一圈的针数加成324针。

3.袖窿以下的编织。织成领胸片后，开始分片、前后片的针数各为86针，两边袖片的针数为76针，先编织前后片，环状编织，将86×2=172针挑出，先编织86针，而后加针加8针，再接上86针编织，接着加针8针，接上起织处。一圈共188针，全织下针，不加减针，编织14行的高度，下一行起，分配花样，腋下加针的8针，全织下针，而中间的86针，分配成8组花样B，加上一组棒绞花样，照此分配，不加减针，编织52行的高度后，将所有的针数花样，全改织花样A双罗纹针，不加减针，编织14行的高度后，收针断线。衣身织成。

4.袖片的编织，将76针挑出单独环织，在腋下，将衣身加针的8针，挑出8针来进行编织，一共84针，袖身全织下针，在腋下的中间2针上，进行减针，每织6行减1针，减6次，不加减针再织6行后，不再减针，改织花样C单罗纹针，不加减针，编织12行的高度后，收针断线。相同的方法去编织另一边袖片。

5.最后用钩针钩织3朵小花，缝于前领胸片中间。并在小花上，缝上彩色扣子装饰。

花样B
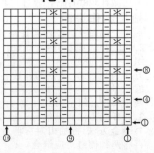

符号说明：

□　上针

□=1　下针

2-1-3　行-针-次

↑　编织方向

⊠　2针交叉

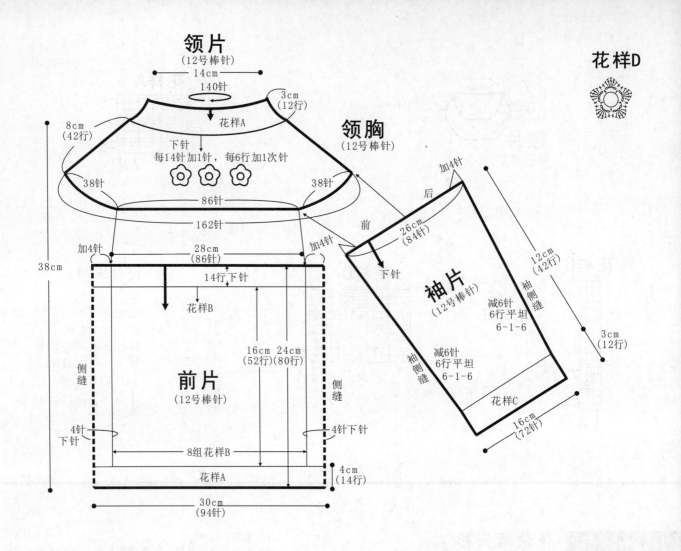

领片
(12号棒针)
←14cm→
140针
花样D

花样A
下针
每14针加1针，每6行加1次针

8cm
(42行)
3cm
(12行)

38针
86针
38针

162针

领胸
(12号棒针)

38cm

加4针
28cm
(86针)
加4针

14行下针

花样B

16cm 24cm
(52行)(80行)

前片
(12号棒针)

后
26cm
(84针)

下针

加4针

袖片
(12号棒针)

减6针
6行平坦
6-1-6

12cm
(42行)
袖侧缝

3cm
(12行)

侧缝

侧缝

减6针
6行平坦
6-1-6

袖侧缝

4针
下针

8组花样B

4针下针

花样A

16cm
(72针)

花样C

4cm
(14行)

30cm
(94针)

花样A (双罗纹)

②
①

④ ①

4针一花样

花样C (单罗纹)

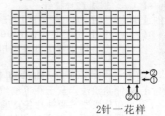

②
①

① ①

2针一花样

连帽牛角外套

【成品规格】衣长41cm，半胸围34cm，肩宽27cm，
袖长34cm
【工　　具】12号棒针
【编织密度】24针×32行=10cm²
【材　　料】灰色羊毛线450g，黑色牛角扣3枚

前片/后片制作说明

1.棒针编织法，衣身分为左前片、右前片和后片分别编织而成。

2.起织后片，下针起针法，起102针，织花样B，一边织一边两侧减针，方法为6-1-10，织至68行的高度，织片变成82针，不再加减针，改织花样C，织至82行的高度，两侧减针织成袖窿，方法为1-4-1，2-1-4，织至132行，两侧各收16针，中间34针留起待织帽子。

3.起织左前片，下针起针法，起56针，衣身46针织花样B，右侧织10针花样A作为衣襟，一边织一边左侧减针，方法为6-1-10，织至68行的高度，织片变成46针，不再加针，衣身改织花样C，织至82行的高度，左侧减针织成袖窿，方法为1-4-1，2-1-4，织至132行，左侧收16针，右侧22针留起待织帽子。

5.同样的方法相反方向编织右前片，完成后将左右前片与后片的两侧缝对应缝合，两肩部对应缝合。

6.起织帽子。将前后片领口留起的78针连起来编织花样A，不加减针织80行后，收针，将帽顶缝合。

袖片制作说明

1.棒针编织法，编织两片袖片。从袖口起织。

2.起52针，织花样A，织10行后，改为花样B与花样D组合织，中间织8针花样D，两侧织花样B，两侧一边织一边加针，方法为8-1-7，两侧的针数各增加7针，织至70行。接着编织袖山，两侧同时减针，方法为1-4-1，2-1-19，两侧减少23针，织至108行，织片余下20针，收针断线。

3.同样的方法再编织另一袖片。

4.缝合方法：将袖山对应前片与后片的袖窿线，用线缝合，再将两袖侧缝对应缝合。

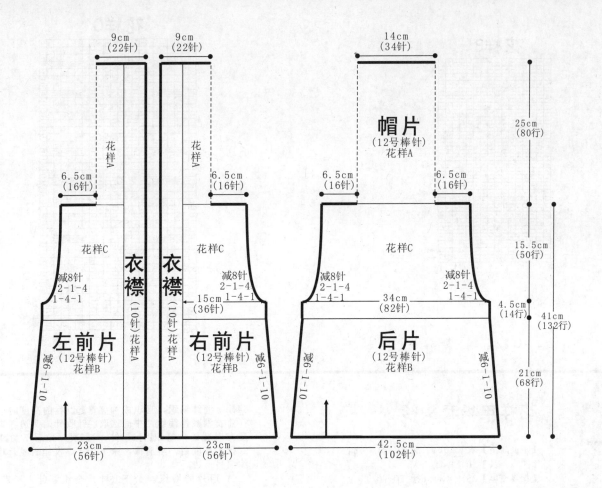

9cm
(22针)

9cm
(22针)

14cm
(34针)

帽片
(12号棒针)
花样A

25cm
(80行)

花样A

花样A

6.5cm
(16针)

6.5cm
(16针)

6.5cm
(16针)

6.5cm
(16针)

花样C

花样C

花样C

15.5cm
(50行)

减8针
2-1-4
1-4-1

减8针
2-1-4
1-4-1

减8针
2-1-4
1-4-1

减8针
2-1-4
1-4-1

衣襟
(10针)
花样A

衣襟
(10针)
花样A

15cm
(36针)

34cm
(82针)

4.5cm
(14行)

41cm
(132行)

左前片
(12号棒针)
花样B

右前片
(12号棒针)
花样B

后片
(12号棒针)
花样B

21cm
(68行)

减6-1-10

减6-1-10

减6-1-10

减6-1-10

23cm
(56针)

23cm
(56针)

42.5cm
(102针)

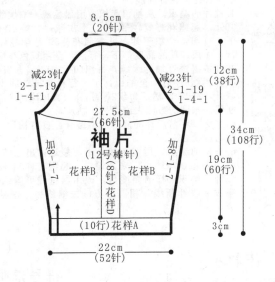

8.5cm
(20针)

减23针
2-1-19
1-4-1

减23针
2-1-19
1-4-1

12cm
(38行)

27.5cm
(66针)

34cm
(108行)

袖片
(12号棒针)
花样D
(8针)

加8-1-7

加8-1-7

花样B

花样B

19cm
(60行)

(10行)花样A

3cm

22cm
(52针)

花样A

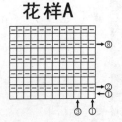

花样D

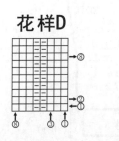

花样B

花样C

花样年华套头衫

【成品规格】衣长40cm，胸宽34cm，袖长31cm
【工　　具】10号棒针
【编织密度】28针×34.5行=10cm²
【材　　料】黄色毛线200g，黑色毛线120g，
　　　　　　白色、粉红色、蓝色少许

前片/后片/领口/袖片制作说明

1.棒针编织法，从下往上编织，由前片与后片组成。袖
窿以下一片编织而成。袖窿以上分成前片、后片各自编
织。

2.袖窿以下的编织。

（1）起针，双罗纹起针法，用黑色线，起192针，首尾
连接，编织花样A双罗纹针，不加减针，编织20行。

（2）下一行起，全织下针，不加减针，参照花样B进行
配色编织，织25行，而后全用黄色线编织下针，再织
39行后，至袖窿。

3.袖窿以上的编织。分成前片和后片。

（1）前片的编织。取96针，起织时，参照花样C进行胸
前花样编织，两侧同时减针编织袖窿线，同时收针8
针，然后每织4行减2针，减4次，两边减少16针，余下

64针，继续编织，当织成袖窿算起24行的高度时，下一行
行前衣领减针编织，中间选取14针收针，两边各自编织，
反方向减针，每织2行减1针，减5次。最后不加减针，再
20行的高度后，至肩部，余下20针，收针断线。相同的方法
编织另一边。

（2）后片的编织。余下96针，全织下针，无花样变化
织。两边同时减针，方法与前片相同，不再重复，当织成袖
窿算起的50行时，下一行进行后衣领减针，中间收针20针，
两边相反方向减针，每织2行减1针，减2次，至肩部，两边
余下20针，收针断线。

4.袖片的编织。从袖口起织，用黑色线，双罗纹起针法，
60针，起织花样A双罗纹针，不加减针，编织20行的高度，
下一行起，全织下针，并参照花样B进行配色编织，不加
针，织成25行的高度，下一行起，全用黄色线编织下针，并
在袖侧缝进行加针编织，每织10行加1针，加3次，然后不加
减针再织9行后，至袖山，下一行袖窿减针编织，两边同时
减针，减8针，然后每织2行减1针，减12次。余下26针，收
断线。相同的方法去编织另一袖片。

5.缝合。将前后片的肩部对应缝合。再将袖片与衣身的袖
线对应缝合。

6.领口的编织。用黄色线，沿着领边挑出124针，以前领
中心为起点与终点，来回编织，起织花样D单罗纹针。不加
减针，编织30行的高度后，改用黑色线再编织4行单罗纹，
完成后收针断线。相同的方法去编织另一侧袖片。衣服完
成。

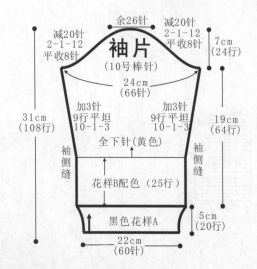

袖片
（10号棒针）

余26针
减20针 2-1-12 平收8针
减20针 2-1-12 平收8针
7cm（24行）

24cm（66针）

加3针 9行平坦 10-1-3
加3针 9行平坦 10-1-3

31cm（108行）
19cm（64行）

全下针（黄色）

袖侧缝
袖侧缝

花样B配色（25行）

5cm（20行）

黑色花样A

22cm（60针）

花样B

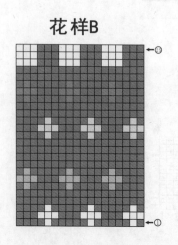

符号说明：

☐　上针

☐=☐　下针

2-1-3　行-针-次

↑　编织方向

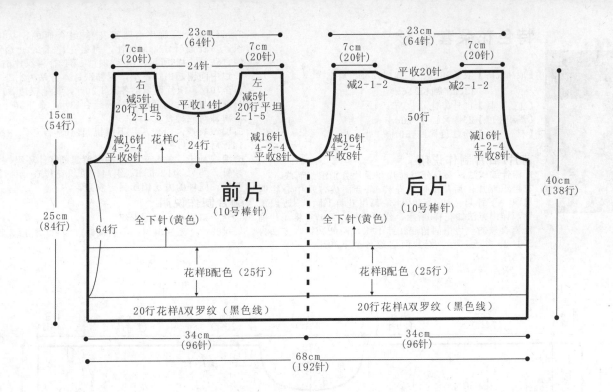

23cm（64针）
7cm（20针）　　7cm（20针）
24针
右 减5针 20行平坦 2-1-5　　平收14针　　左 减5针 20行平坦 2-1-5
减16针 4-2-4 平收8针　　花样C　　减16针 4-2-4 平收8针
24行
15cm（54行）
25cm（84行）
64行
前片（10号棒针）
全下针（黄色）
花样B配色（25行）
20行花样A双罗纹（黑色线）
34cm（96针）

23cm（64针）
7cm（20针）　　7cm（20针）
平收20针
减2-1-2　　减2-1-2
50行
减16针 4-2-4 平收8针　　减16针 4-2-4 平收8针
后片（10号棒针）
全下针（黄色）
花样B配色（25行）
20行花样A双罗纹（黑色线）
34cm（96针）
40cm（138行）

68cm（192针）

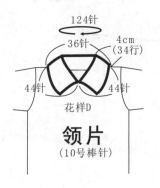

124针
36针
4cm（34行）
44针　　44针
花样D
领片（10号棒针）

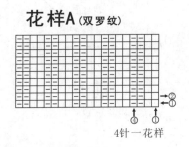

花样A（双罗纹）
②①
④①
4针一花样

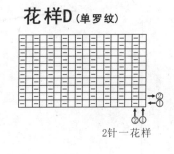

花样D（单罗纹）
②①
㉑①
2针一花样

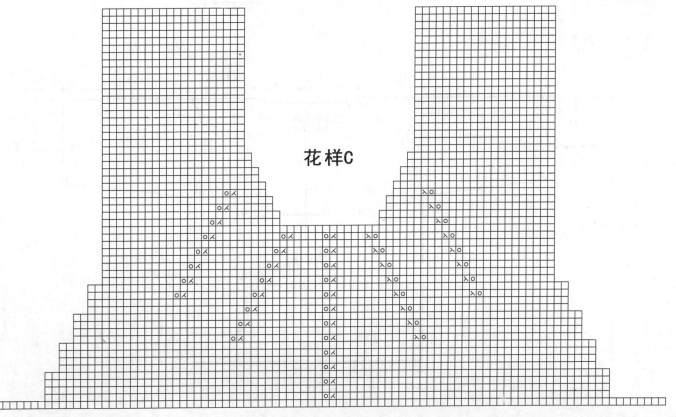

花样C

特色花朵套头衫

【成品规格】衣长36cm，半胸围32cm，肩宽
　　　　　　32cm，袖长21cm
【工　　具】12号棒针
【编织密度】23针×43行=10cm²
【材　　料】粉红色棉线450g

前片/后片制作说明

1.棒针编织法，衣身分为前片和后片分别编织而成。

2.起织后片，后片由四组花样B组合而成，从中心往四周织。下针起针法，起12针，每组花样3针，一边织加针，详细方法如花样B所示，织至66行，第67行将织片确定为衣领的一边中间留起29针不织，两侧减针，方法为2-1-2，织至70行，织片两肩部各余下20针，其他三边各73针。

3.起织前片，前片由四组花样B组合而成，从中心往四周织。下针起针法，起12针，每组花样3针，一边织加针，详细方法如花样B所示，织至42行，第43行将织片确定为衣领的一边中间留起11针不织，两侧减针，方法为2-2-4，2-1-3，织至70行，织片两肩部各余下20针，其他三边各73针。

4.前片与后片的两侧缝对应缝合43针，余下30针作为袖隆两肩部对应缝合。

5.编织衣摆，沿前后片下摆挑起146针，环织，织花样A，14行后，收针断线。

6.编织袖子，挑起前后片袖隆留起的60针环织，袖底缝两减针，方法为12-1-6，织74行改织花样A，织14行后，收针断线。同样的方法编织另一衣袖。

领片制作说明

1.沿领口挑针，来回编织。

2.挑88针，来回编织，不加减针，编织32行后，收针断线。

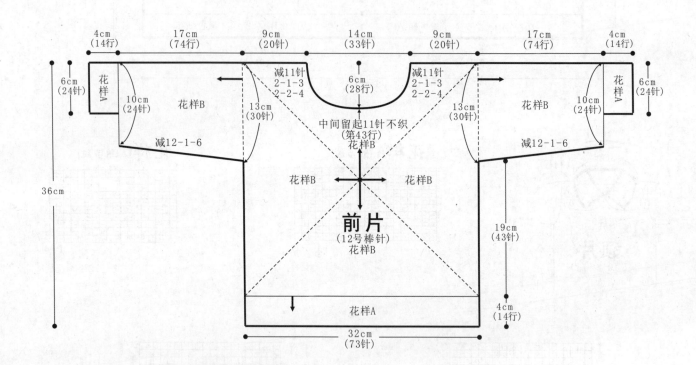

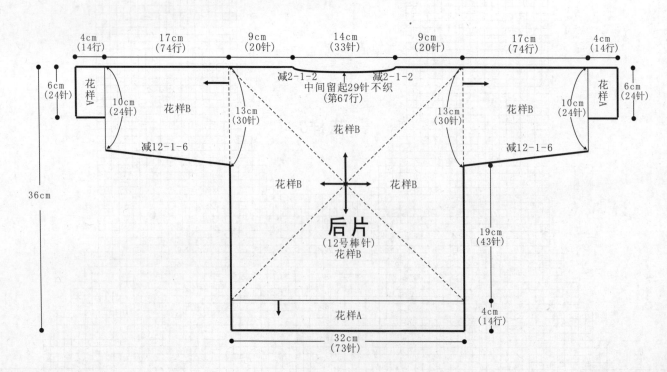

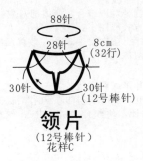

88针
28针   8cm
       (32行)
30针   30针
        (12号棒针)

领片
(12号棒针)
花样C

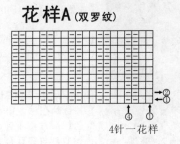

花样A(双罗纹)

4针一花样

花样C

花样B

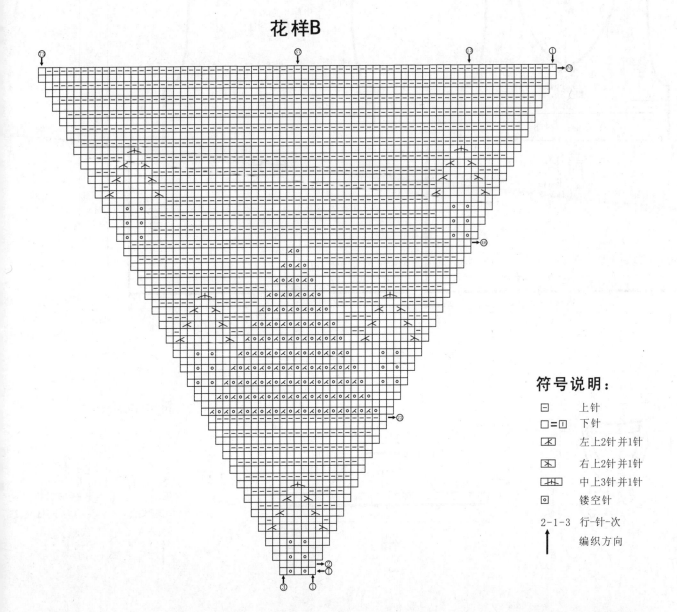

符号说明：

⊟	上针
□=☐	下针
⊠	左上2针并1针
⊠	右上2针并1针
⊞	中上3针并1针
⊡	镂空针

2-1-3   行-针-次

↑   编织方向

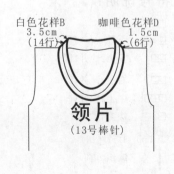

优雅蝴蝶结连衣裙

【成品规格】裙长40cm，半胸围28.5cm，肩宽
　　　　　　22cm，袖长7cm
【工　　具】13号棒针
【编织密度】30针×38行=10cm²
【材　　料】咖啡色棉线300g，白色棉线20g

前片/后片制作说明

1.棒针编织法，裙身起分为前片、后片来编织。
2.起织后片，下针起针法，白色线起114针织花样A，织16行后，与起织合并成双层裙摆，改为咖啡色线织花样B，织至74行的高度，将织片每4针减1针，织成86针，改织花样B，织14行后，改回花样A编织，织至102行，两侧开始袖窿减针，方法为1-4-1，2-1-6，织至149行，中间留起32针不织，两侧减针，方法为2-1-2，织至152行，两侧肩部各余下15针，收针断线。

3.起织前片，前片编织方法与后片相同，织至115行，中间留起4针不织，两侧减针，方法为2-1-16，织至152行，两侧肩部各余下15针，收针断线。
4.将前片与后片的两侧缝对应缝合，两肩部对应缝合。
5.前后片裙摆十字绣方式绣图案a小花。
6.编织蝴蝶结，起12针织花样D，织58行，收针断线，将织片中间缝制成蝴蝶结，两侧缝合于后片腰部位置。

领片制作说明

1.棒针编织法，一片环形编织完成。
2.咖啡色线沿领口挑起100针织花样D，织6行后，改为白色线编织花样B，每2针加1针，将织片加成150针，织至20行，下针收针法，收针断线。

袖片制作说明

1.棒针编织法，编织两片袖片。从袖顶挑针起织。
2.咖啡色线起14针，织花样C，一边织一边两侧挑加针，方法为2-1-10，织20行后，改为白色线织花样A，两侧各沿袖窿挑起22针，不再加减针，织至26行，下针收针法收针断线。
3.同样的方法再编织另一袖片。

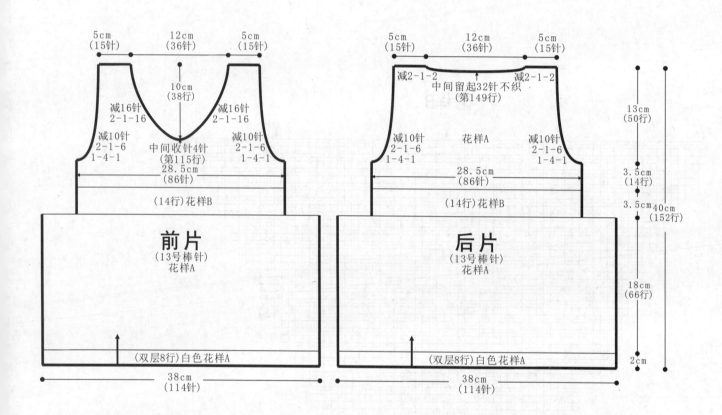

前片
（13号棒针）
花样A

后片
（13号棒针）
花样A

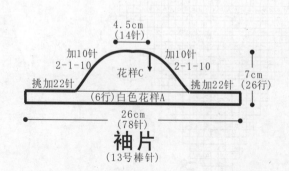

领片
（13号棒针）

袖片
（13号棒针）

符号说明：

□	上针
□=□	下针
☑	左上2针并1针
☒	右上2针并1针
↓	1针挑出5针的加针
▤▤▤	左上3针与右下3针交叉
2-1-3	行-针-次
↑	编织方向

花样A

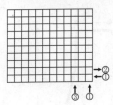

花样B

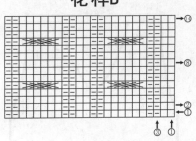

花样C

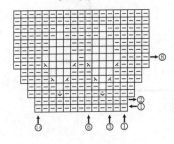

图案a

□ 咖啡色线

回 白色线

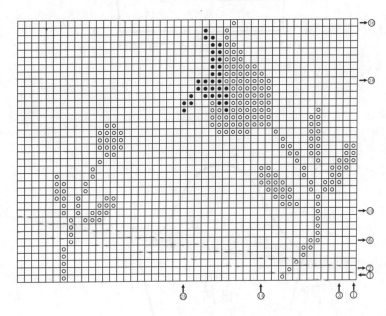

花样D

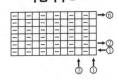

休闲V领毛衣

【成品规格】衣长50cm，肩宽27cm，袖长41cm，
　　　　　　袖宽18cm

【工　　具】10号棒针

【编织密度】26.7针×33.3行=10cm²

【材　　料】400g腈纶段染蓝白花线

前片/后片/袖片/领片制作说明

1.棒针编织法，由前片1片、后片1片、袖片2片组成。从下往上织起。

2.前片的编织，一片织成，单罗纹起针法，起88针，花样A起织，不加减针编织20行高度；下一行起，改织下针，不加减针编织186行至袖隆；下一行起，两侧同时进行袖隆减针，收针4针，然后2-1-4，减8针，织58行；其中自织成袖隆算起10行高度，下一行进行衣领减针，从

中间向两侧相反方向减针，2-1-18，减18针，织36行，不加减针编织12行高度，余下18针，收针断线。

3.后片的编织，一片织成；自织成袖隆算起54行高度，下一行进行衣领减针，从中间收针32针，两侧相反方法减针，2-1-2，减2针，织4行，余下18针，收针断线，除此之外，其他编织与前片一样。

4.袖片的编织，一片织成；单罗纹起针法，起48针，花样A起织，不加减针编织20行，最后一次分散加针8针；下一行起，改织下针，56针起织，两侧同时进行加针，6-1-10，加10针，织60行，不加减针编织6行高度；下一行起，两侧同时进行减针，收针4针，然后2-1-25，减29针，织50行，余下18针，收针断线。

5.拼接，将前后片侧缝与袖片侧缝对应缝合。

6.领片的编织，从前片左右两侧挑针各32针，后片挑针36针，下针起织，前片左右正中位置领口减针，2-2-5，织10行，不加减针再编织10行高度，往里缝合成10行高度，收针断线，衣服完成。

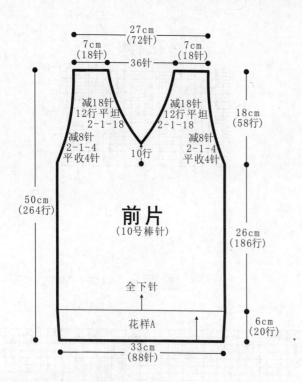

27cm
(72针)
7cm
(18针)
36针
7cm
(18针)
减18针
12行平坦
2-1-18
减18针
12行平坦
2-1-18
18cm
(58行)
减8针
2-1-4
平收4针
减8针
2-1-4
平收4针
10行
50cm
(264行)
前片
(10号棒针)
26cm
(186行)
全下针
花样A
6cm
(20行)
33cm
(88针)

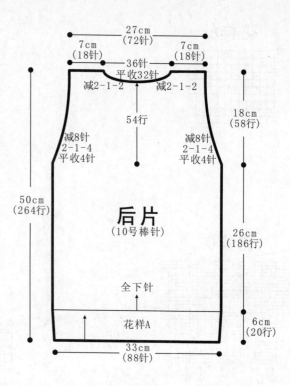

27cm
(72针)
7cm
(18针)
36针
平收32针
7cm
(18针)
减2-1-2
减2-1-2
54行
18cm
(58行)
减8针
2-1-4
平收4针
减8针
2-1-4
平收4针
50cm
(264行)
后片
(10号棒针)
26cm
(186行)
全下针
花样A
6cm
(20行)
33cm
(88针)

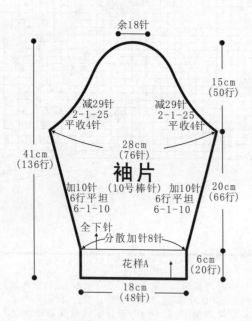

余18针
15cm
(50行)
减29针
2-1-25
平收4针
减29针
2-1-25
平收4针
28cm
(76针)
41cm
(136行)
袖片
(10号棒针)
加10针
6行平坦
6-1-10
加10针
6行平坦
6-1-10
20cm
(66行)
全下针
分散加针8针
花样A
6cm
(20行)
18cm
(48针)

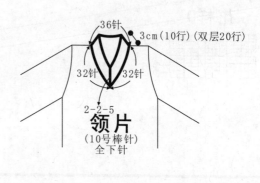

36针
3cm(10行)(双层20行)
32针
32针
2-2-5
领片
(10号棒针)
全下针

花样A (单罗纹)

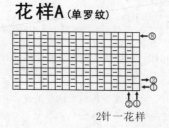

⑧
②
①
2针一花样

符号说明：

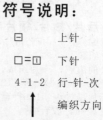

□　　上针

□=□　　下针

4-1-2　　行-针-次

　　编织方向

靓丽玫红毛衣

【成品规格】 衣长36cm，半胸围30cm，肩宽
24cm，袖长36cm

【工　　具】 13号棒针

【编织密度】 28针×34行=10cm²

【材　　料】 红色棉线400g

前片/后片制作说明

1. 棒针编织法，衣身袖窿以下一片环形编织，袖窿起分为前片、后片来编织。

2. 起织，下针起针法，起168针织花样A，环形编织，不加减针织80行后，第81行起将织片分片，分成前片和后片，各取84针，先织后片。

3. 起织后片，织花样B，起织时两侧开始袖窿减针，方法为1-4-1，2-1-5，织至119行，中间留起32针不织，两侧减针，方法为2-1-2，织至122行，两侧肩部各余下15针，收针断线。

4. 起织前片，织花样B，起织时两侧开始袖窿减针，方法为1-4-1，2-1-5，织至103行，中间留起12针不织，两侧减针，方法为2-2-4，2-1-4，织至122行，两侧肩部各余下15针，收针断线。

5. 将前片与后片的两肩部对应缝合。

领片制作说明

1. 棒针编织法，一片环形编织完成。

2. 沿领口挑起78针织花样C，织18行后，收针断线。

3. 钩织1条长约50cm的细绳，穿入衣领中间，两端钩小花，如花样D所示。

袖片制作说明

1. 棒针编织法，编织两片袖片。从袖口起织。

2. 下针起针法，起56针织花样A，织24行后，改织花样B，两侧一边织一边加针，方法为8-1-8，织至88行，织片变成72针，接着减针编织袖山，两侧同时减针，方法为1-4-1，2-1-17，两侧各减少21针，织至122行，织片余下30针，收针断线。

3. 同样的方法再编织另一只袖片。

4. 缝合方法：将袖山对应前片与后片的袖窿线，用线缝合，再将两袖侧缝对应缝合。

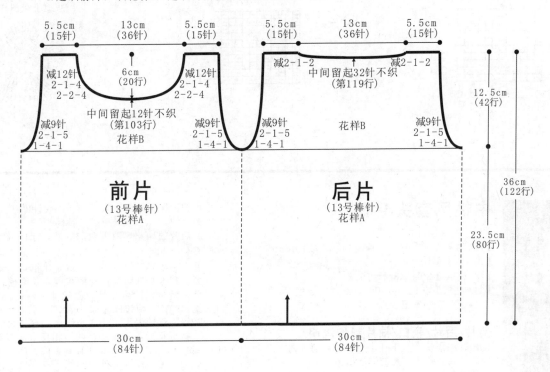

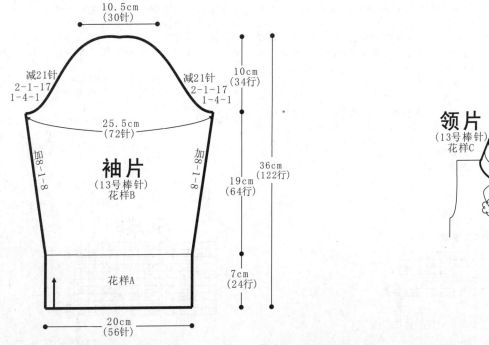

95

花样A

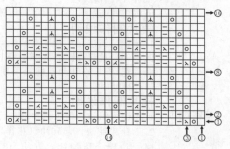

符号说明：

☐　上针

☐=☐　下针

⊙　镂空针

☑　左上2针并1针

☑　右上2针并1针

⋀　中上3针并1针

2-1-3　行-针-次

↑　编织方向

花样B

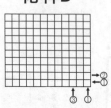

花样C

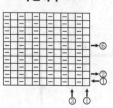

花样D
(小花图样)

中性风套头毛衣

【成品规格】衣长46cm，胸宽33cm，袖长46cm

【工　具】10号棒针

【编织密度】30针×31行=10cm²

【材　料】灰色毛线300g，红色、蓝色、黄色和紫色少许

前片/后片/领口/袖片制作说明

1.棒针编织法，从下往上编织，由前片与后片和袖片组成。在前片用十字绣的方法绣图。

2.前片的编织。

(1)起针，双罗纹起针法，起100针，起织花样A，不加减针，编织6行的高度。

(2)下一行起，分配成花样B编织，不加减针，编织66行的高度至袖窿。另外单独编织一棒绞花样长条，起6针，起织花样C，编织80行的长度后，收针断线，将一侧长边与前片缝合。

(3)袖窿以上的编织。在棒绞花样长边的另一侧长边，挑针，前片两边各留8针的宽度不挑针，中间挑出84针，全织下针，然后每织4行减2针，减3次，然后不加减针，织至袖窿算起的30行的高度时，下一行进行前衣领减针，中间收针16针，两边进行衣领边减针，每织2行减3针，减2次，每织2行减1针，减4次。不加减针，

再织20行至肩部，余下18针，收针断线。相同的方法去编织另一边。

3.后片的编织。双罗纹起针法，起100针，起织花样A，不减针，编织6行的高度后，下一行起，全织花样B，不加针，编织66行的高度后，与前片相同，编织一个棒绞花样条，行数与针数与前片的相同，长度也相同，将一侧长边后片缝合，然后在另一侧挑针，两边留出8针的宽度，中挑出84针，两边同时减针编织，每织4行减2针，减3次。余72针，继续编织下针，当织成袖窿算起的58行的高度后，一行进行后衣领减针，两边相反方向减针，每织2行减1针减2次，两边肩部各余下18针，收针断线。

4.袖片的编织。从袖口起织，双罗纹起针法，起64针，起花样A双罗纹针，不加减针，编织6行的高度后，下一行起全织下针，并在袖侧缝进行加针编织，每织8行加1针，加次，然后不加减针再织10行后，至袖山，下一行起袖山针，同时减针8针，然后每织2行减2针，减11次，两边各减30针，余下20针，收针断线。相同的方法去编织另一只片。

5.缝合。将前后片的肩部和侧缝对应缝合。再将袖片与衣袖窿线对应缝合。最后在前片袖窿上，用十字绣绣图的法，绣上花样D。

6.领口的编织。前片挑出84针，后片挑出36针，环织，起花样A双罗纹针，不加减针，编织10行的高度后，改织针，再织10行后，收针断线。领片形成自然卷。衣服完成。

花样A (双罗纹)

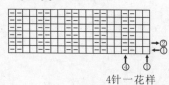

4针一花样

花样B

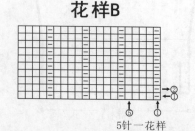

5针一花样

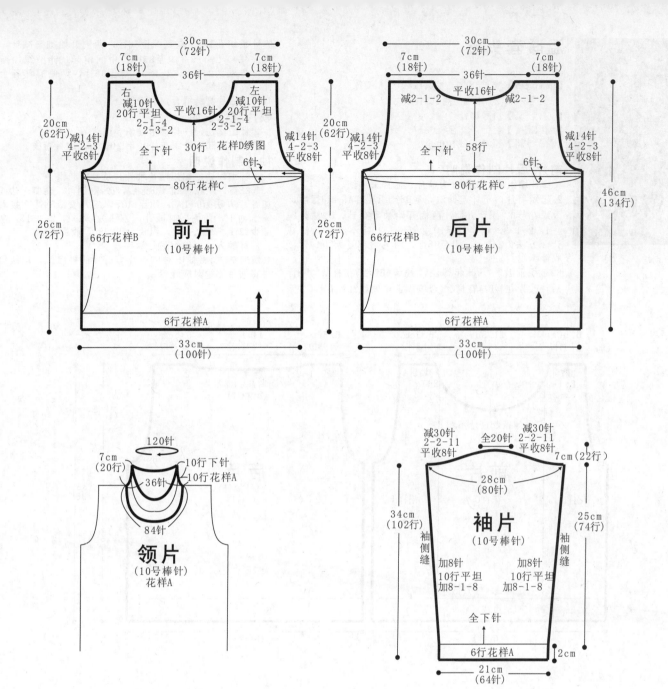

前片
- 30cm（72针）
- 7cm（18针）
- 7cm（18针）
- 36针
- 右减10针 20行平坦 2-1-4 2-3-2
- 平收16针
- 左减10针 20行平坦 2-1-4 2-3-2
- 20cm（62行）
- 减14针 4-2-3 平收8针
- 全下针
- 30行
- 花样D绣图
- 减14针 4-2-3 平收8针
- 6针
- 80行花样C
- 26cm（72行）
- 66行花样B
- 前片（10号棒针）
- 6行花样A
- 33cm（100针）

后片
- 30cm（72针）
- 7cm（18针）
- 7cm（18针）
- 36针
- 减2-1-2
- 平收16针
- 减2-1-2
- 20cm（62行）
- 减14针 4-2-3 平收8针
- 全下针
- 58行
- 减14针 4-2-3 平收8针
- 6针
- 80行花样C
- 26cm（72行）
- 66行花样B
- 后片（10号棒针）
- 6行花样A
- 46cm（134行）
- 33cm（100针）

领片
- 120针
- 7cm（20行）
- 10行下针
- 36针
- 10行花样A
- 84针
- 领片（10号棒针）花样A

袖片
- 减30针 2-2-11 平收8针
- 全20针
- 减30针 2-2-11 平收8针
- 7cm（22行）
- 28cm（80针）
- 34cm（102行）
- 袖侧缝
- 袖片（10号棒针）
- 袖侧缝
- 25cm（74行）
- 加8针 10行平坦 加8-1-8
- 加8针 10行平坦 加8-1-8
- 全下针
- 6行花样A
- 2cm
- 21cm（64针）

符号说明：

- ⊟　上针
- □=⊡　下针
- 2-1-3　行-针-次
- ↑　编织方向
- ⋈　左上2针与右下2针交叉

花样C

花样D

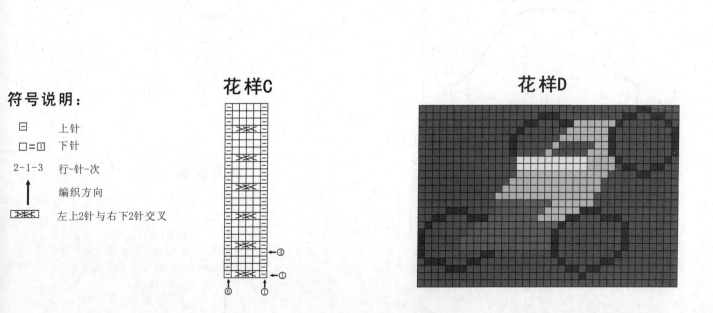

温暖套头衫

【成品规格】衣长38cm，半胸围32cm，肩宽
　　　　　　24.5cm，袖长34cm
【工　　具】11号棒针
【编织密度】21针×25行=10cm²
【材　　料】橙色棉线400g

前片/后片制作说明

1.棒针编织法，衣身分为前片、后片来编织。
2.起织后片，下针起针法，起66针织花样A，织8行后，改织花样B，织至56行，两侧开始袖窿减针，方法为1-4-1，2-1-3，织至93行，中间留起20针不织，两侧减针，方法为2-1-2，织至96行，两侧肩部各余下14针，收针断线。
3.起织前片，下针起针法，线起66针织花样A，织8行后，改为花样B与花样C组合编织，中间织22针花样C，两

侧针数织花样B，重复织至56行，两侧开始袖窿减针，方为1-4-1，2-1-3，织至85行，中间留起10针不织，两侧针，方法为2-2-2，2-1-3，织至96行，两侧肩部各余下针，收针断线。
4.将前后片侧缝缝合，肩缝缝合。

领片制作说明

1.棒针编织法，一片环形编织完成。
2.沿领口挑起52针织花样D，织20行后，收针断线。

袖片制作说明

1.棒针编织法，编织两片袖片。从袖口起织。
2.起38针，织花样A，织8行后，改织花样B，两侧一边织一加针，方法为6-1-8，织至60行，织片变成54针，接着减编织袖山，两侧同时减针，方法为1-4-1，2-1-13，两侧减少17针，织至86行，织片余下20针，收针断线。
3.同样的方法再编织另一只袖片。
4.缝合方法:将袖山对应前片与后片的袖窿线，用线缝合再将两袖侧缝对应缝合。

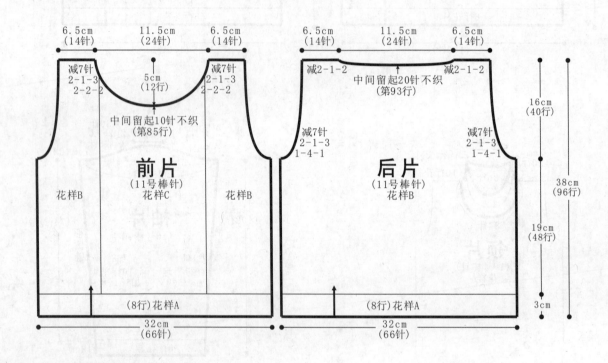

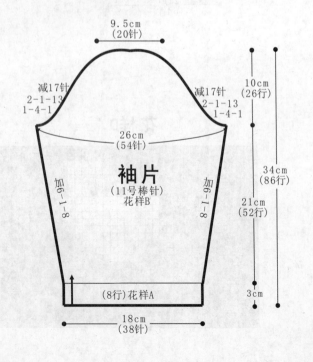

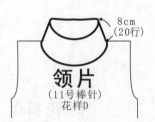

符号说明：

□　　　上针

□=□　　下针

囝　　　3针2行的结编织

　　　右上2针与左下2针交叉

　　　右上3针与左下3针交叉

2-1-3　行-针-次

　　　编织方向

98

花样A

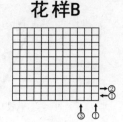

花样B

花样C

花样D

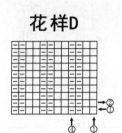

浪漫紫色外套

【成品规格】衣长29cm，胸宽30cm。袖长27cm
【工　　具】10号棒针
【编织密度】29.7针×48行=10cm²
【材　　料】紫色羊毛线300g，扣子4枚

前片/后片/袖片/领片制作说明

1.棒针编织法，袖窿以下一片编织而成，袖窿以上分成左前片、右前片和后片各自编织。
2.袖窿以下的编织。起针，单罗纹起针法，起160针，编织花样A，不加减针，往上编织16行的高度，下一行起，编织花样B，不加减针，编织60行的高度，至袖窿，此时行数共织成76行。
3.袖窿以上的编织。第77行时，将织片分成左前片、右前片、左前片和右前片各40针，后片80针。袖窿以上仍然编织花样B。
　(1) 先编织后片，两边同时收针4针，然后两侧同时减针，每织2行减1针，减28次，织成56行的高度，余下

16针，收针断线。
　(2) 再编织左前片，左前片的左侧不加减针，右侧进行袖窿减针，先平收4针，然后每织2行减1针，减28次，织成56行的高度后，而左侧衣襟织成40行的高度时，下一行进入前衣领减针，每织2行减1针，减8次，与右侧袖窿减针同步进行，直至余下1针，收针断线。
　(3) 相同的方法，相反的减针方向去编织右前片。
3.袖片的编织，从袖口起针，单罗纹起针法，起64针，起织花样A，不加减针，编织14行的高度，下一行起，编织花样B，并在两袖侧缝进行加针编织，每织12行加1针，加4次，不加减针，再织6行的高度，至袖窿，下一行起，袖窿减针，两边平收4针，然后两边每织2行减1针，减28次，织成56行的高度后，余下8针，收针断线，相同的方法再编织另一袖片。
4.将前后片的侧缝对应缝合，将袖片的两插肩缝分别与前后片的插肩缝对应缝合。再将袖侧缝对应缝合。
5.领片的编织，沿着前后领边，挑出86针，编织花样A，不加减针，编织26行的高度后，最后领片的边缘，钩织花样C花边。衣服完成。

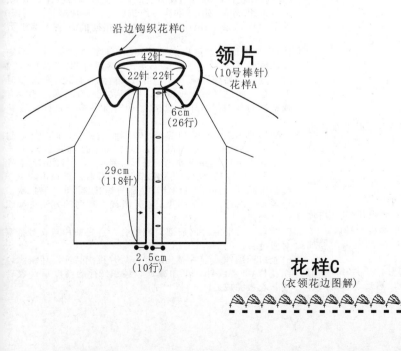

领片
(10号棒针)
花样A

沿边钩织花样C
42针
22针 22针
6cm
(26行)
29cm
(118针)
2.5cm
(10行)

花样C

(衣领花边图解)

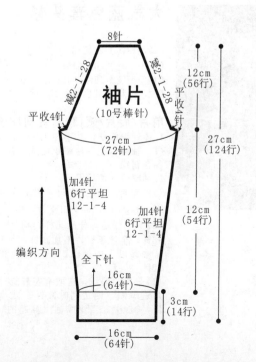

袖片
(10号棒针)

8针
减2-1-28
减2-1-28
12cm
(56行)
平收4针
平收4针
27cm
(72针)
27cm
(124行)
加4针
6行平坦
12-1-4
加4针
6行平坦
12-1-4
12cm
(54行)
编织方向
全下针
16cm
(64针)
3cm
(14行)
16cm
(64针)

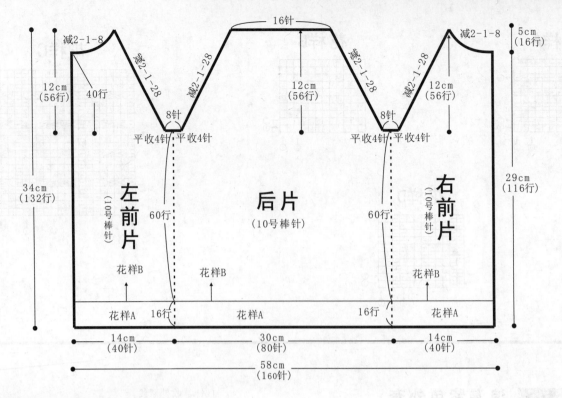

減2-1-8

減2-1-28

16針

減2-1-28

減2-1-8

5cm
(16行)

12cm
(56行)

40行

8針

平收4针 平收4针

12cm
(56行)

8針

平收4针 平收4针

12cm
(56行)

34cm
(132行)

左前片
（10号棒针）

60行

后片
（10号棒针）

右前片
（10号棒针）

60行

29cm
(116行)

花样B

花样B

花样B

花样A   16行   花样A   16行   花样A

14cm
(40针)

30cm
(80针)

14cm
(40针)

58cm
(160针)

符号说明：

□   上针

□=□   下针

2-1-3   行-针-次

↑   编织方向

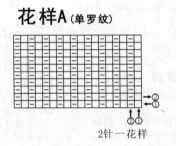 2针交叉

左上2针与右下2针交叉

花样A (单罗纹)

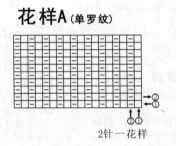

2针一花样

花样B

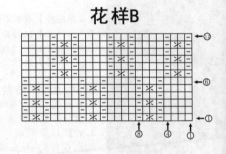

大气蓝色套头衫

【成品规格】衣长43cm，胸宽34cm，袖长29cm
【工   具】10号棒针
【编织密度】28针×39.5行=10cm²
【材   料】蓝色毛线350g

前片/后片/领口/袖片制作说明

1.棒针编织法，从下往上编织，由前片与后片和袖片组成。袖隆以下一片编织而成，袖隆以上分成前片和后片各自编织。
2.袖隆以下的编织。
(1) 起针，单罗纹起针法，起192针，首尾连接，环织。起织花样A，不加减针，编织16行的高度。
(2)下一行起，分配花样，前片96针，编织花样B，后片96针，全织下针，不加减针，织98行的高度至袖隆。
3.袖隆以上的编织。分成前片和后片各自编织。每片96针。
(1)前片的编织，选取有花样B花样部分，一共96针作前片进编织。两边同时减针，减掉4针，然后每织2行减1针，减4次。当织成袖隆算起的36行时，下一行的中间

选取24针收针，两边相反方向减针。每织2行减2针，减3次然后每织2行减1针，减4次，织成14行，不加减针，再织6行至肩部，余下18针，收针断线。相同的方法去编织另一边。
(2)后片的编织。挑出余下的96针，起织下针，并在两侧行袖隆减针，同时收针，收4针，然后每织2行减1针，减次。然后不加减针织下针，当织成袖隆算起52行的高度时，下一行中间进行后衣领减针，中间收针40针，两边相反方减针，每织2行减1针，减2次。至肩部各余下18针，收线。
4.袖片的编织。从袖口起织，单罗纹起针法，起46针，起花样A单罗纹针，不加减针，编织16行的高度后，下一起，全织下针，并在袖侧缝进行加针编织，每织6行加1针加12次，织成72行后，不加减针再织6行后，至袖山，下一起袖山减针，同时减针4针，然后每织2行减2针，减11次边各减少26针，余下18针，收针断线。相同的方法去编织一只袖片。
5.缝合。将前后片的肩部对应缝合。再将袖片与衣身袖隆对应缝合。
6.领口的编织。前片挑出64针，后片挑出42针，环编织，织花样A单罗纹针，不加减针，编织12行的高度后，收线。衣服完成。

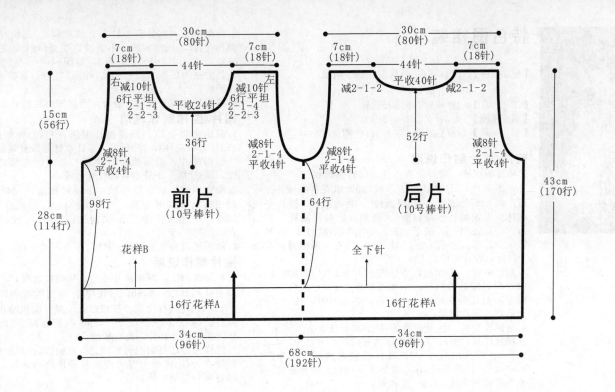

前片
(10号棒针)

花样B

16行花样A

后片
(10号棒针)

全下针

16行花样A

30cm
(80针)

7cm
(18针)

44针

7cm
(18针)

右减10针
6行平坦
2-1-4
2-2-3

平收24针

减10针
6行平坦
2-1-4
2-2-3

减8针
2-1-4
平收4针

减8针
2-1-4
平收4针

36行

64行

98行

15cm
(56行)

28cm
(114行)

34cm
(96针)

34cm
(96针)

68cm
(192针)

30cm
(80针)

7cm
(18针)

44针

7cm
(18针)

平收40针

减2-1-2

减2-1-2

减8针
2-1-4
平收4针

52行

43cm
(170行)

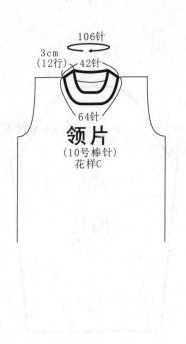

领片
(10号棒针)
花样C

106针

3cm
(12行)

42针

64针

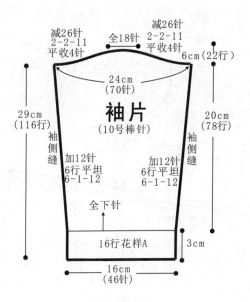

袖片
(10号棒针)

全下针

16行花样A

减26针
2-2-11
平收4针

全18针

减26针
2-2-11
平收4针

6cm(22行)

24cm
(70针)

29cm
(116行)

袖侧缝

加12针
6行平坦
6-1-12

加12针
6行平坦
6-1-12

袖侧缝

20cm
(78行)

3cm

16cm
(46针)

符号说明:

□　　上针

□=□　　下针

2-1-3　　行-针-次

↑　　编织方向

花样B

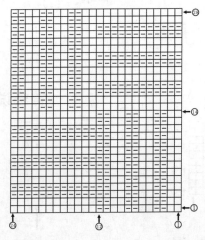

花样A (单罗纹)

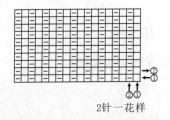

2针一花样

101

特色围裙装

【成品规格】衣长45cm，半胸围30cm，肩宽
　　　　　　24cm，袖长33cm
【工　　具】12号棒针；1.5mm钩针
【编织密度】19.5针×26行=10cm²
【材　　料】粉红色棉线450g，白色棉线50g

前片/后片制作说明

1.棒针编织法，衣身分为前片、后片来编织。
2.起织后片，下针起针法，起126针织花样A，织102行后，织片均匀减针，每3针减1针，共减42针，织片变成84针，不加减针织至118行，两侧开始袖窿减针，方法为1-4-1，2-1-5，织至165行，中间平收28针，两侧减针织成后领，方法为2-1-4，织至172行，两侧肩部各余下15针，收针断线。
3.起织前片，下摆起织方法与后片相同，织102行后，织片均匀减针成84针，不加减针织至108行，将织片分成左右两片分别编织，左右前片各取40针，中间4针作为前襟，重叠编织。
4.分配左前片40针及前襟的4针到棒针上，织花样A，不加减针织至118行，左侧开始袖窿减针，方法为1-4-1，2-1-5，织至146行，右侧减针织成前领，方法为1-7-1，2-1-13，织至172行，肩部余下15针，收针断线。注意左前襟每隔8行留起一个扣眼。

5.分配右前片40针到棒针上，织花样A，起织时在前襟片内侧挑起4针，同时编织，不加减针织至118行，右侧开始袖窿减针，方法为1-4-1，2-1-5，织至146行，左侧减针织成前领，方法为1-7-1，2-1-13，织至172行，肩部余下15针，收针断线。
6.将前后片两侧缝对应缝合，两肩部对应缝合。

领片/围裙制作说明

1.编织裙摆花边。沿裙挑针编织，每挑1针加起1针，共起252针，织花样A，织8行后，下针收针法收针断线。
2.编织领片，沿前后领口及左衣襟起织花样A，共挑起22针，织8行后，下针收针法收针断线。
3.编织围裙，白色线编织。下针起针法，起48针织花样A，起织时两侧同时加针，方法为2-1-4，织至8行，织片变成56针，不加减针往上织至72行的高度，与衣服前片腰线缝合，如图所示。
4.沿围裙边白色线钩织花样B，作为围裙花边。

袖片制作说明

1.棒针编织法，编织两片袖片。从袖口起织。
2.下针起针法，起50针织花样A，两侧同时加针，方法为8-1-11，织至88行，织片变成72针，减针编织袖山，两侧同时减针，方法为1-4-1，2-1-19，织至12□行，织片余下26针，收针断线。
3.同样的方法再编织另一袖片。在袖口2cm高度处缝橡筋。
4.缝合方法:将袖山对应前片与后片的袖窿线，用线缝合，再将两袖侧缝对应缝合。

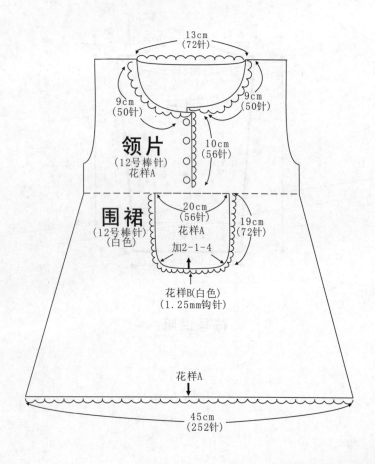

13cm
(72针)

9cm
(50针)　　　9cm
(50针)

领片
(12号棒针)
花样A

10cm
(56针)

围裙
(12号棒针)
(白色)

20cm
(56针)
花样A
加2-1-4

19cm
(72针)

花样B(白色)
(1.25mm钩针)

花样A

45cm
(252针)

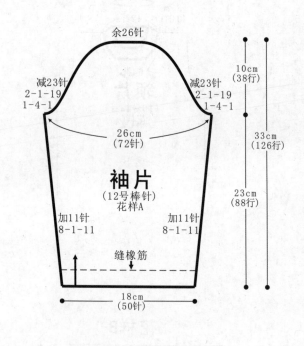

余26针

减23针
2-1-19
1-4-1　　　　减23针
2-1-19
1-4-1

10cm
(38行)

26cm
(72针)

袖片
(12号棒针)
花样A

33cm
(126行)

加11针
8-1-11　　　加11针
8-1-11

23cm
(88行)

缝橡筋

18cm
(50针)

花样B

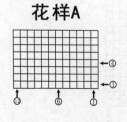

花样A

符号说明：

□=□　　下针

＋　　　短针

†　　　　长针

∞　　　锁针

2-1-3　行-针-次

↑　　　编织方向

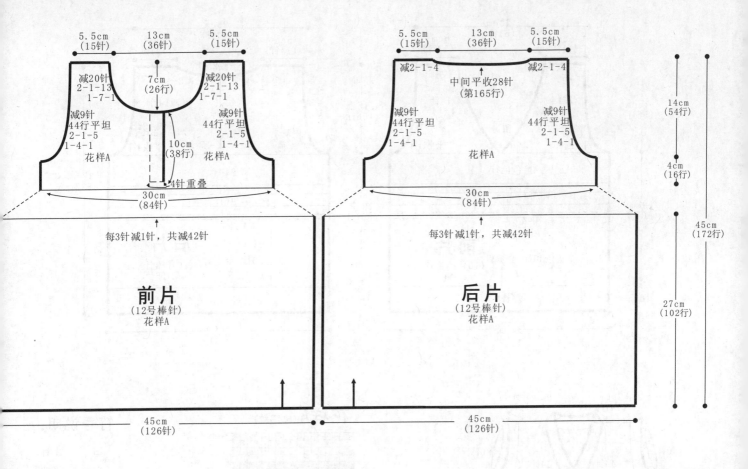

5.5cm（15针）　13cm（36针）　5.5cm（15针）

减20针 2-1-13 1-7-1　7cm（26行）　减20针 2-1-13 1-7-1

减9针 44行平坦 2-1-5 1-4-1　花样A　10cm（38行）　减9针 44行平坦 2-1-5 1-4-1　花样A

4针重叠

30cm（84针）

每3针减1针，共减42针

前片
（12号棒针）
花样A

45cm（126针）

5.5cm（15针）　13cm（36针）　5.5cm（15针）

减2-1-4　中间平收28针（第165行）　减2-1-4

减9针 44行平坦 2-1-5 1-4-1　花样A　减9针 44行平坦 2-1-5 1-4-1

30cm（84针）

每3针减1针，共减42针

后片
（12号棒针）
花样A

45cm（126针）

14cm（54行）

4cm（16行）

45cm（172行）

27cm（102行）

实用男童背心

【成品规格】衣长39cm，胸宽32cm
【工　　具】10号棒针
【编织密度】23针×34行=10cm²
【材　　料】灰色毛线200g，黑色毛线100g

前片/后片/领口/袖口制作说明

1.棒针编织法，从下往上编织，由前片与后片组成。
2.前片的编织。
（1）起针，单罗纹起针法，起75针，编织花样A单罗纹针，并依照图解进行配色编织。不加减针，编织16行的高度。
（2）下一行起，编织花样B，先用灰色线编织30行，而后依次使用黑色编织2行，灰色线编织4行，黑色线编织6行，灰色线编织4行，黑色线编织14行，共织成60行的花样B高度，至袖窿。
（3）袖窿以上全用灰色线编织。将75针的中间1针收针，两边分成两半各自编织，并在两片上进行袖窿减针与前衣领减针，以右片为例，右片的左侧进行袖窿减

针，收针4针，然后每织4行减2针，减4次。而右侧进行衣领减针，每织4行减1针，减14次，织成56行后，至肩部，余下11针，收针断线。相同的方法，相反的减针方向去编织左片。
3.后片的编织。单罗纹起针法，起75针，起织花样A单罗纹针，并进行配色编织。不加减针，编织16行的高度后，下一行起，编织花样B，配色编织与前片完全相同，不加减针，编织60行的高度后，至袖窿，袖窿以上全用灰色线编织。两边同时减针，先收针4针，然后每织4行减2针减4次。织成袖窿算起52行时，下一行起进行后衣领减针，中间收针25针，两边相反方向减针，每织2行减1针，减2次。至肩部余下22针，收针断线。
4.缝合。将前后片的侧缝对应缝合，将前后片的肩部对应缝合。
5.袖口的编织。沿着袖口边挑出80针，起织花样C单罗纹针加配色图解，不加减针，编织14行的高度后，收针断线。相同的方法去编织另一侧袖口。领片的编织，前领片两边缘各挑出44针，后领边挑出28针，起织花样C单罗纹针加配色图解，在前领V领口转角处，进行并针编织，每织2行，进行并针1次，3针并掉2针，余下1针，在中上的位置，并针编织7次，织成14行，完成领片的编织，收针断线。衣服完成。

花样B

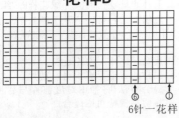

6针一花样

花样C
（领片与袖口配色图解）

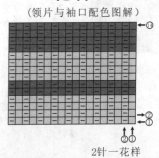

2针一花样

103

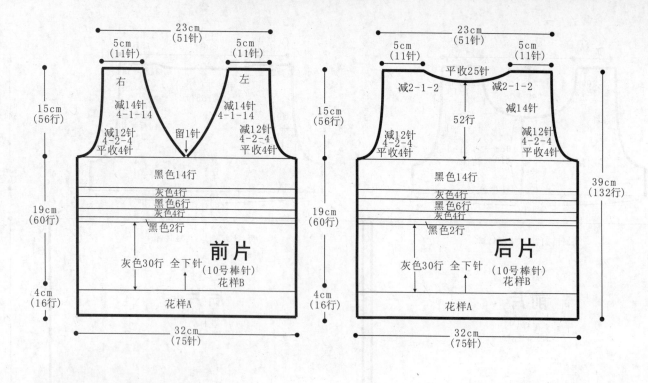

花样A（单罗纹）

符号说明：

□ 上针

□=□ 下针

2-1-3 行-针-次

↑ 编织方向

2针一花样

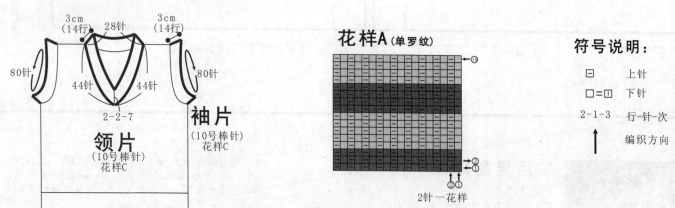

领片
（10号棒针）
花样C

袖片
（10号棒针）
花样C

优雅花朵连衣裙

【成品规格】衣长47cm，半胸围30cm，肩宽
　　　　　　25cm，袖长33cm

【工　　具】12号棒针

【编织密度】26针×40行=10cm²

【材　　料】粉红色棉线400g

前片/后片制作说明

1. 棒针编织法，袖窿以下一片环形编织，袖窿以上分为前片和后片分别编织。

2. 起织，下针起针法，起208针织花样A，织4行后，改织花样B，织至100行，织片减针，每4针减1针，分散减掉52针，改织花样C，织至112行，改织花样D，织至138行，将织片分成前片和后片分别编织，各取78针，先织后片，前片的针数暂时留起不织。

3. 分配后片78针到棒针上，织花样D，起织时两侧减针织成袖窿，方法为1-4-1，2-1-2，织至175行，中间平收4针，织片分成左右两片分别编织，织12行后，两侧减针织成后领，方法为1-14-1，2-1-2，织至190行，两

侧肩部各余下15针，收针断线。

4. 分配前片78针到棒针上，织花样D，起织时两侧减针织袖窿，方法为1-4-1，2-1-2，织至175行，中间平收16针两侧减针织成前领，方法为2-2-2，2-1-6，织至190行，侧肩部各余下15针，收针断线。

5. 将前片与后片的两肩部对应缝合。

领片制作说明

1. 棒针编织法，编织后领。

2. 沿后领缺口挑起24针，织花样E，织6行后，收针断线。

3. 沿领口挑起80针，织花样E，织6行后，收针断线。

袖片制作说明

1. 棒针编织法，编织两片袖片。从袖口起织。

2. 下针起针法，起32针织花样E，织8行后，改织花样D，两一边织一边加针，方法为8-1-11，织至96行，织片加针，3针加1针，分散加18针，不加减针织至108行，开始减针袖山，两侧同时减针，方法为1-4-1，2-2-12，织至132行织片余下16针，收针断线。

3. 同样的方法再编织另一袖片。

4. 缝合方法：将袖山对应前片与后片的袖窿线，用线缝合再将两袖侧缝对应缝合。

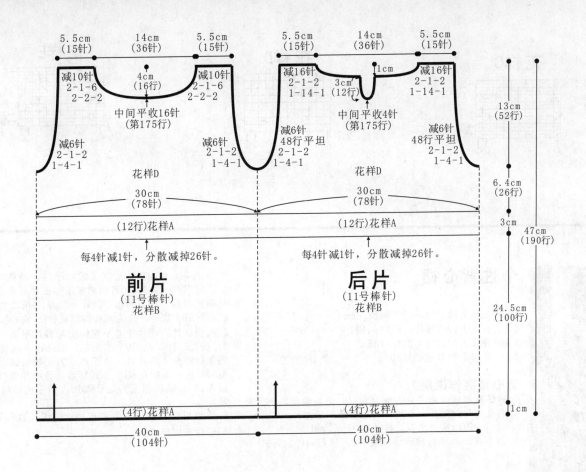

前片
(11号棒针)
花样B

后片
(11号棒针)
花样B

5.5cm (15针)　14cm (36针)　5.5cm (15针)

减10针 2-1-6 2-2-2

4cm (16行)

减10针 2-1-6 2-2-2

中间平收16针 (第175行)

减6针 2-1-2 1-4-1

减6针 2-1-2 1-4-1

花样D

30cm (78针)

(12行)花样A

每4针减1针，分散减掉26针。

5.5cm (15针)　14cm (36针)　5.5cm (15针)

减16针 2-1-2 1-14-1

1cm

3cm (12行)

减16针 2-1-2 1-14-1

中间平收4针 (第175行)

减6针 48行平坦 2-1-2 1-4-1

减6针 48行平坦 2-1-2 1-4-1

花样D

30cm (78针)

(12行)花样A

每4针减1针，分散减掉26针。

13cm (52行)

6.4cm (26行)

3cm

47cm (190行)

24.5cm (100行)

1cm

(4行)花样A

(4行)花样A

40cm (104针)

40cm (104针)

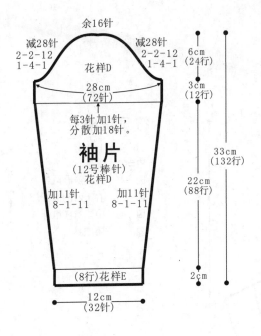

余16针

减28针 2-2-12 1-4-1

减28针 2-2-12 1-4-1

花样D

28cm (72针)

每3针加1针，分散加18针。

袖片
(12号棒针)
花样D

加11针 8-1-11

加11针 8-1-11

(8行)花样E

12cm (32针)

6cm (24行)

3cm (12行)

33cm (132行)

22cm (88行)

2cm

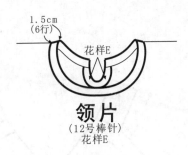

1.5cm (6行)

花样E

领片
(12号棒针)
花样E

符号说明：

⊟　上针

□=□　下针

⊡　镂空针

☑　左上2针并1针

☒　右上2针并1针

2-1-3　行-针-次

↑　编织方向

花样B

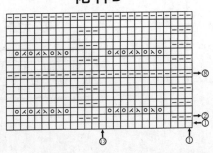

花样A

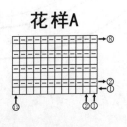

105

花样C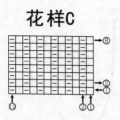

花样D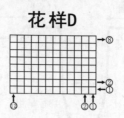

花样E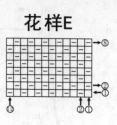

个性背心裙

【成品规格】裙长54cm，半胸围26cm
【工　　具】12号棒针，1.75mm钩针
【编织密度】24.5针×35行=10cm²
【材　　料】枚红色棉线300g

背心裙制作说明

1.棒针编织法，裙子分为前片和后片分别编织，前片分为前身片和前摆片，后片分为后身片和后摆片。
2.起织，钩织裙身小花，按花样A所示钩织。
3.沿小花边沿棒针挑针编织花样B，挑起54针，每9针一

个单元花，共6个单元花，织54行后，改织花样C，织10[行]后，将织片一侧共153针留起编织裙摆，其余收针。
4.编织裙摆，织花样D，每9针一组单元花，共17组单元花，织52行后，收针，改为钩针钩织花样E，钩3层后断线。
5.起织前片，织片中心小花钩法与后片相同。前身片织花样B，挑起54针，共织6个单元花，织16行后，其中一个单元[花]的加针部分不再加针，将织片改为往返编织，留起领口，[织]至54行后，改织花样C，织10行后，将织片领口对应的另一[侧]留起153针编织裙摆，其余收针。裙摆的编织方法与后片[相]同。
6.钩织肩带。沿前片领侧起12针钩织花样F，钩14cm长后，与后片对应缝合。

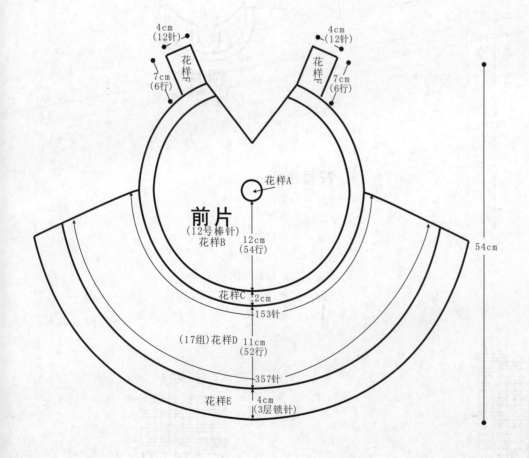

4cm
(12针)

花样F

7cm
(6行)

花样A

前片
(12号棒针)
花样B

12cm
(54行)

花样C 2cm

153针

(17组)花样D 11cm
(52行)

357针

花样E 4cm
(3层锁针)

54cm

符号说明：

□　　上针
□=Ⅰ　下针
⊠　　左上2针并1针
⊠　　右上2针并1针
⊠　　中上3针并1针
⊡　　镂空针

2-1-3　行-针-次

∞　锁针
++　短针
Ⴕ　长针
↝　枣形针

→　编织方向

花样F

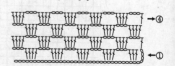

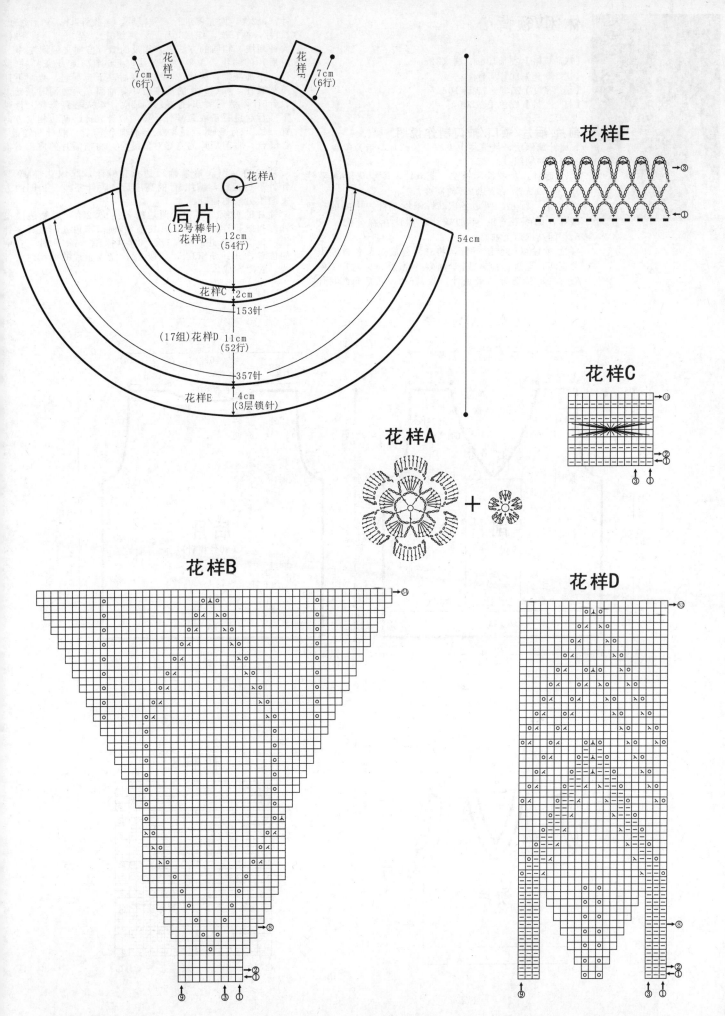

花样E

7cm
(6行)

花样F
花样F

7cm
(6行)

花样A

后片
(12号棒针)
花样B

12cm
(54行)

54cm

花样C 2cm

153针

(17组)花样D 11cm
(52行)

357针

花样E 4cm
(3层锁针)

花样C

花样A

花样B

花样D

休闲V领背心

【成品规格】衣长40cm，胸宽32cm
【工　　具】10号棒针
【编织密度】21针×25行=10cm²
【材　　料】红色毛线250g

前片/后片/领口/袖口制作说明

1. 棒针编织法，从下往上编织，由前片与后片组成。
2. 前片的编织。
　(1) 起针，单罗纹起针法，起66针，编织花样A单罗纹针，不加减针，编织12行的高度。
　(2) 下一行起，两边各取22针编织下针，中间的针数22针，编织花样B，不加减针，照此花样分配，织成52行的高度后至袖窿。
　(3) 袖窿以上全织下针，将66针分成两半各自编织，并在两片上进行袖窿减针与前衣领减针，以右片为例，右片的右侧进行袖窿减针，收针6针，然后每织4行减2

针，减2次。而左侧进行衣领减针，先收针2针，然后每织2减1针，减15次，织成30行后，再织6行，至肩部，余下6针收针断线。相同的方法去，相反的减针方向去编织左片。
3. 后片的编织。单罗纹起针法，起66针，起织花样A单罗针，不加减针，编织12行的高度后，下一行起，全织下针不加减针，编织52行的高度后，至袖窿，两边同时减针，收针6针，然后每织4行减2针减2次。织成袖窿算起32行下一行起进行后衣领减针，中间收针30针，两边相反方向针，每织2行减1针，减2次。至肩部余下6针，收针断线。
4. 缝合。将前后片的侧缝对应缝合，将前后片的肩部对应合。
5. 袖口的编织。沿着袖口边挑出64针，起织花样A单罗纹针，不加减针，编织6行的高度后，收针断线。相同的方去编织另一侧袖口。
6. 领片的编织，前领片两边缘各挑出32针，后领边挑出针，起织花样A单罗纹针，在前领V领口转角处，进行并针织，每织2行，进行并针1次，3针并掉2针，余下1针，在中的位置，并针编织3次，织成6行，完成领片的编织，收针线。衣服完成。

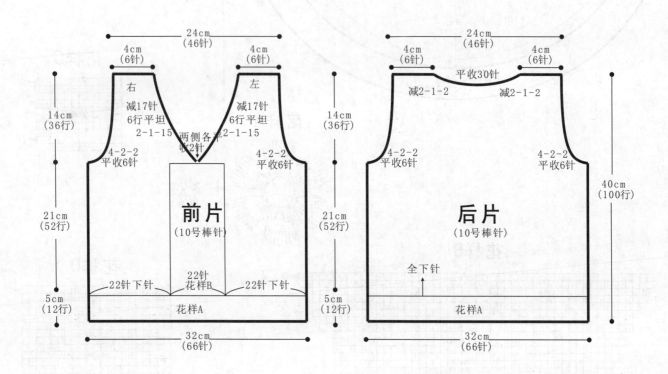

前片

24cm（46针）
4cm（6针）　4cm（6针）
14cm（36行）
右　左
减17针　减17针
6行平坦　6行平坦
2-1-15　两侧各收22针　2-1-15
4-2-2　4-2-2
平收6针　平收6针
21cm（52行）
前片（10号棒针）
22针下针　22针花样B　22针下针
5cm（12行）
花样A
32cm（66针）

后片

24cm（46针）
4cm（6针）　4cm（6针）
平收30针
减2-1-2　减2-1-2
14cm（36行）
4-2-2　4-2-2
平收6针　平收6针
40cm（100行）
21cm（52行）
后片（10号棒针）
全下针
5cm（12行）
花样A
32cm（66针）

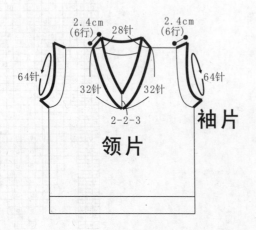

领片

2.4cm（6行）　28针　2.4cm（6行）
64针　64针
32针　32针
2-2-3

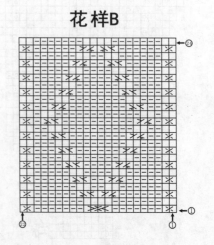

袖片

花样B

108

花样A(单罗纹)

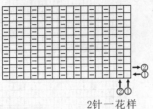

2针一花样

符号说明：

□ 上针

□=□ 下针

2-1-3 行-针-次

↑ 编织方向

右上2针与
左下2针交叉

右上2针与左下
1针上针交叉

美人鱼连衣裙

【成品规格】衣长70cm，半胸围22cm，袖长10cm
【工 具】8号棒针
【编织密度】22.1针×41行=10cm²
【材 料】绿色棉线400g

领片/领胸片/下摆片制作说明

1.棒针编织法，由领片、领胸片、下摆片3片和袖片2片各自编织，再缝合而成。

2.领片的编织。下针起针法，起40针，起织花样B搓板针，不加减针，编织164行的高度后，收针断线。

3.领胸片的编织。下针起针法，起48针，从右至左，先选18针编织花样A棒绞花样，花样A上不加减针，余下的全织花样B搓板针，在花样B上，每织15针折回编织一

次，再织完所有针数，如此重复，将花样A织成224行的高度，完成后，收针断线。

4.下摆片的编织，下针起针法，起64针，起织花样B，不加减针，编织184行的高度后，收针断线。

5.袖片的编织。单罗纹起针法，起80针，起织花样C单罗纹针，不加减针，编织30行，完成后，收针断线。相同的方法再编织另一只袖片。

6.拼接方法，先将领片与领胸片对应缝合，再将结构图所示的缝合边进行缝合，形成筒，对折领胸片，在下摆两侧各留20行的宽度位置作袖口，袖口之间的宽度，与下摆片缝合。再将下摆片的首尾两行缝合。最后是袖片的缝合，袖片的侧边缝合成筒，收针边与领胸片的袖口进行缝合。另一边袖片缝合法相同。最后制作一个蝴蝶结。起40针，起织花样C，不加减针，编织40行的高度后，收针断线。再将中间收缩，将之两边缝合于下摆片的前片中间位置。

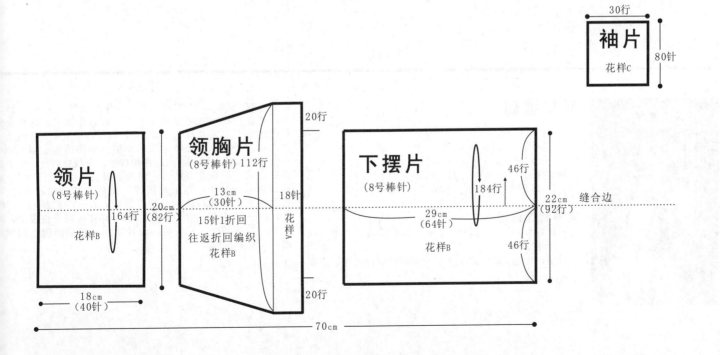

蝴蝶结

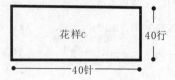

花样c 40行
40针

花样A

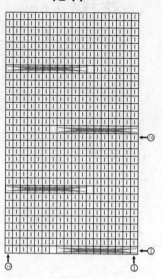

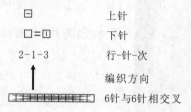

花样B

花样C

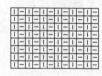

符号说明：

符号	说明
☐	上针
☐=☐	下针
2-1-3	行-针-次
↑	编织方向
▭	6针与6针相交叉

创意披肩

【成品规格】披肩长34cm，宽34cm
【工　　具】6号棒针，3.5mm钩针
【编织密度】11.9针×2.8行=10cm²
【材　　料】灰色宝宝绒线300g

披肩制作说明

1.棒针编织法，一片编织而成。用粗线编织。中心起织。用5根针编织。

2.起织，中间起织，起15针，分成5组花样A起织。依照

花样A加针编织，织成20行时，不再加减针，依照花样
织，将花样A织成38行的高度。下一行制作袖口，花样全织
花样B搓板针，将花样A分成5等份，如结构图所示，在两个
角之间作一组，为一个袖口的宽度。如图所示，编织38
后，将袖口收针19针，然后再织19针，再收针19针，接上
织针。第二行织完38针后，用单起针法，起19针，再织
针，再起针19针，接上起织针。此后花样全织花样B搓
针，并在两个袖口的两端进行加针，在一端的2针上各加
针，即一圈下来，四个位置共加8针，在这四个位置上，2
1-14，织成28针，完成后，收针断线。最后用钩针钩织
边，图解见花样C。

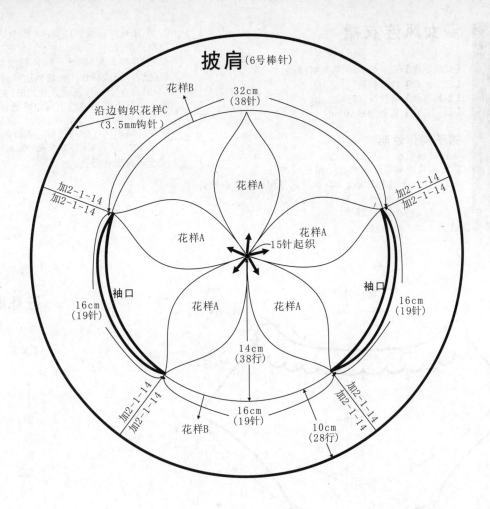

披肩(6号棒针)

花样B
沿边钩织花样C
(3.5mm钩针)

32cm
(38针)

花样A

花样A

花样A
15针起织

加2-1-14
加2-1-14

加2-1-14
加2-1-14

袖口
袖口

16cm
(19针)

16cm
(19针)

花样A
花样A

加2-1-14
加2-1-14

加2-1-14
加2-1-14

14cm
(38行)

16cm
(19针)
花样B

10cm
(28行)

花样C

花样B (搓板针)

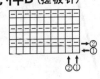

花样A

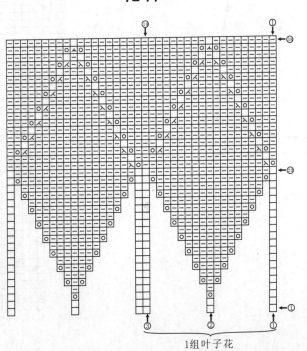

1组叶子花

符号说明：

□　　上针

□=□　　下针

2-1-3　　行-针-次

↑　　编织方向

☒　　左并针

☒　　右并针

☉　　镂空针

淑女风连衣裙

【成品规格】衣长48cm，半胸围25cm
【工　　具】12号棒针
【编织密度】36针×38行=10cm²
【材　　料】蓝色棉线300g

裙子制作说明

1.棒针编织法，从下往上织，环织。
2.前后片的编织。前后合计起针320针。
(1)起针，下针起针法，起320针，首尾连接，起织花样

B，不加减针，编织124行，每8针并为1针，收至160针，完[成]
后收针断线。
(2)上身领口起180针环织，起织花样A，并依照花样A进行[减]
针编织，织成48行，针数加成288针，收针断线。
(3)缝合，上身片两边各留128针的宽度作袖口，余下的边[织]
成圆，与下摆裙片的上端边缘进行缝合。
3.领片的编织。沿着领口边，挑出180针，起织上针，不[加]
减针，编织10行的高度后，收针断线。
4.穿带织法:起4针环织下针90cm，两头各放至16针，织下[针]
12行，狗牙针收边。

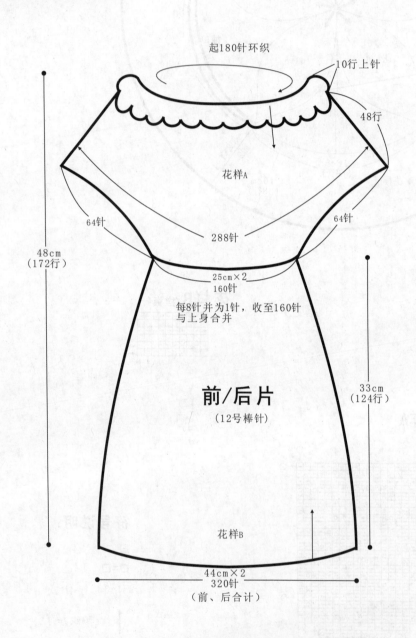

起180针环织

10行上针

48行

花样A

64针   288针   64针

48cm
(172行)

25cm×2
160针

每8针并为1针，收至160针
与上身合并

33cm
(124行)

前/后片
（12号棒针）

花样B

44cm×2
320针
（前、后合计）

符号说明：

□ 　上针
□=□ 　下针
2-1-3 　行-针-次
↑ 　编织方向
☒ 　左并针
☒ 　右并针
☉ 　镂空针
⊡ 　左拉针
⊡ 　中上3针并1针

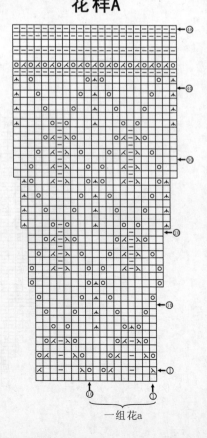

花样A

一组花a

花样B

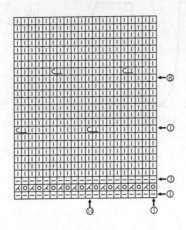

秀雅树叶花毛衣

【成品规格】衣长43cm，半胸围28cm，肩宽
　　　　　　23cm，袖长34cm
【工　　具】13号棒针，1.25mm钩针
【编织密度】45针×44.1行=10cm²
【材　　料】红色棉线400g

前片/后片制作说明

1.棒针编织法，袖窿以下一片环形编织，袖窿以上分为前片和后片分别编织。

2.起织，下针起针法，起252针织花样A，织8行后，改织花样B，织至128行，将织片分成前片和后片分别编织，各取126针，先织后片，前片的针数暂时留起不织。

3.分配后片126针到棒针上，织下针，起织时两侧减针织成袖窿，方法为1-4-1，2-1-8，织至163行，中间平收8针，两侧减针织成后领，方法为2-1-3，平织10行后，再按2-19-1，2-1-5的方法减针，织至190行，两侧

肩部各余下20针，收针断线。

4.分配前片126针到棒针上，织下针，起织时两侧减针织成袖窿，方法为1-4-1，2-1-8，织至165行，中间平收34针，两侧减针织成前领，方法为2-2-4，2-1-6，织至190行，两侧肩部各余下20针，收针断线。

5.将前片与后片的两肩部对应缝合。

领片制作说明

1.棒针编织法，编织后领。

2.沿后领缺口挑起40针，织花样A，织6行后，收针断线。

3.沿领口钩织花样D，共钩4行，断线。

袖片制作说明

1.棒针编织法，编织两片袖片。从袖口起织。

2.下针起针法，起72针织花样C，织8行后，改织花样B，两侧一边织一边加针，方法为8-1-12，织至104行，开始减针编织袖山，两侧同时减针，方法为1-4-1，2-1-22，织至148行，织片余下44针，收针断线。

3.同样的方法再编织另一袖片。

4.缝合方法:将袖山对应前片与后片的袖窿线，用线缝合，再将两袖侧缝对应缝合。

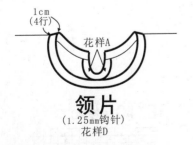

1cm
(4行)

花样A

领片
(1.25mm钩针)
花样D

花样B

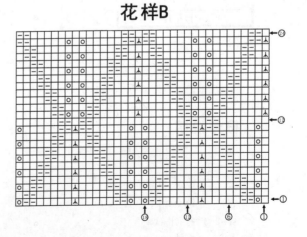

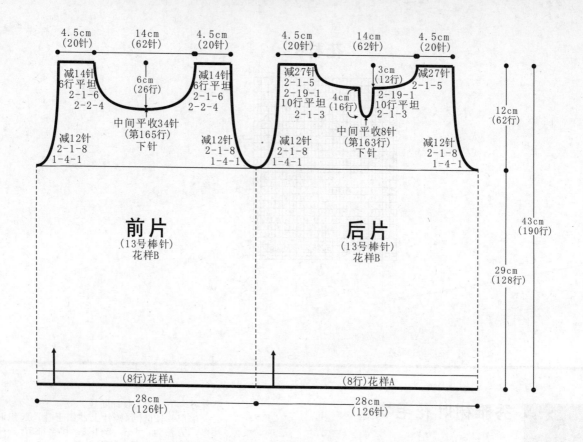

4.5cm (20针)　14cm (62针)　4.5cm (20针)　4.5cm (20针)　14cm (62针)　4.5cm (20针)

减14针 6行平坦 2-1-6 2-2-4

6cm (26行)

减14针 6行平坦 2-1-6 2-2-4

减27针 2-1-5 2-19-1 10行平坦 2-1-3

3cm (12行)

4cm (16行)

2-19-1 10行平坦 2-1-3

减27针 2-1-5

12cm (62行)

中间平收34针 (第165行) 下针

中间平收8针 (第163行) 下针

减12针 2-1-8 1-4-1

减12针 2-1-8 1-4-1

减12针 2-1-8 1-4-1

减12针 2-1-8 1-4-1

43cm (190行)

前片 (13号棒针) 花样B

后片 (13号棒针) 花样B

29cm (128行)

(8行)花样A　　(8行)花样A

28cm (126针)　　28cm (126针)

10cm (44针)

减26针 2-1-22 1-4-1

下针

减26针 2-1-22 1-4-1

10cm (44行)

21cm (96针)

34cm (148行)

加12针 8-1-12

袖片 (13号棒针) 花样B

加12针 8-1-12

22cm (96行)

(8行)花样C

2cm

4针一花样　　16cm (72针)

花样A

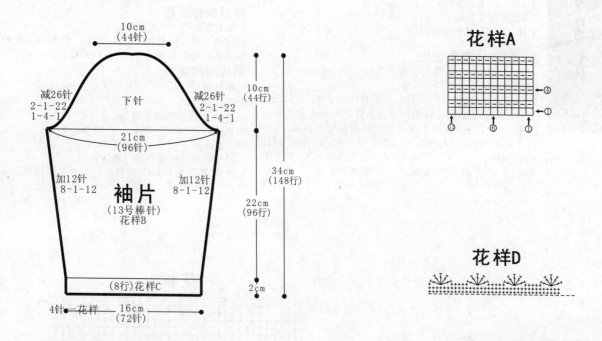

花样D

花样C (单罗纹)

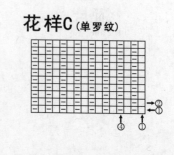

符号说明：

　□　　上针

　□=□　下针

　⋀　　中上3针并1针

　◎　　镂空针

　2-1-3　行-针-次

　│　　长针

　+　　短针

↑　编织方向

114

卡通套头毛衣

【成品规格】衣长43cm，胸宽33cm，袖长39cm
【工　　具】10号棒针
【编织密度】29针×31行=10cm²
【材　　料】红色毛线200g，黑色毛线80g，粉色少许

前片/后片/领口/袖片制作说明

1.棒针编织法，从下往上编织，由前片、后片和袖片组成。袖窿以下一片编织而成。袖窿以上分成前片、后片各自编织。

2.袖窿以下的编织。

（1）起针，单罗纹起针法，用黑色线，起192针，首尾连接，编织花样A单罗纹针，不加减针，编织16行。

（2）下一行起，先是依照花样B进行配色编织，不加减针，织14行后，下一行起，全用红色线编织，全织下针，不加减针，再织48行至袖窿。

3.袖窿以上的编织。分成前片和后片。

（1）前片的编织。取96针，两侧同时减针编织袖窿线，同时收针8针，然后每织4行减2针，减4次，两边减少16针，余下64针，继续编织，当织成袖窿算起30行的高度时，下一行进行前衣领减针编织，中间选取20针收

针，两边各自编织，相反方向减针，每织2行减1针，减4次。然后不加减针，再织18行的高度至肩部，余下18针，收针断线。相同的方法编织另一边。

（2）后片的编织。余下96针，全织下针，无花样变化编织。两边同时减针，方法与前片相同，不再重复，当织成袖窿算起的52行时，下一行进行后衣领减针，中间收针24针，两边相反方向减针，每织2行减1针，减2次，至肩部，两边各余下18针，收针断线。

（3）最后用十字绣的方法，在前片绣上花样C图案。

4.袖片的编织。从袖口起织，黑色线，单罗纹起针法，起60针，起织花样A单罗纹针，不加减针，编织16行的高度后，下一行起，依照花样B配色编织，不加减针，织成14行的高度，下一行起，全用红色线编织下针，并在袖侧缝进行加针编织，每织4行加1针，加12次，然后不加减针再织14行后，至袖山，下一行袖窿减针编织，两边同时减针，减8针，然后每织4行减2针，减4次。然后每织2行减1针，减14次，余下24针，收针断线。相同的方法去编织另一袖片。

5.缝合。将前后片的肩部对应缝合。再将袖片与衣身袖窿线对应缝合。

6.领口的编织。用黑色线，沿着领边挑出96针，起织花样A单罗纹针。不加减针，编织12行的高度，再改用红色线编织2行花样A，完成后收针断线。衣服完成。

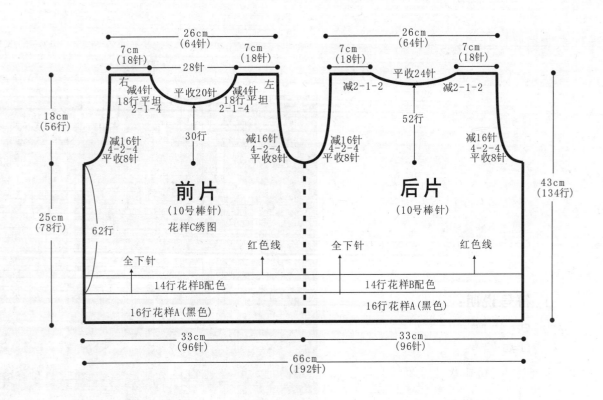

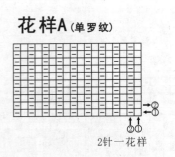

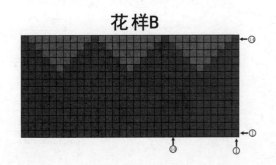

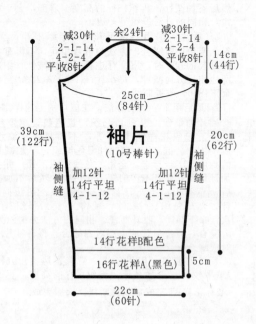

減30针
2-1-14
4-2-4
平收8针
余24针
減30针
2-1-14
4-2-4
平收8针

14cm
(44行)

25cm
(84针)

袖片
(10号棒针)

39cm
(122行)

20cm
(62行)

袖侧缝

袖侧缝

加12针
14行平坦
4-1-12

加12针
14行平坦
4-1-12

14行花样B配色

16行花样A(黑色)

5cm

22cm
(60针)

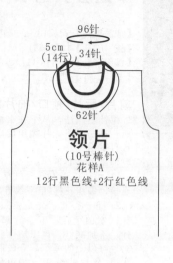

96针

5cm
(14行)

34针

62针

领片
(10号棒针)
花样A
12行黑色线+2行红色线

符号说明:

□   上针

□=□   下针

2-1-3   行-针-次

↑   编织方向

花样C

百搭小外套

【成品规格】衣长38cm,半胸围33cm,肩连袖长35cm
【工　　具】12号棒针
【编织密度】23.5针×34行=10cm²
【材　　料】粉色棉线450g

前片/后片制作说明

1.棒针编织法,衣身片分为左前片、右前片和后片,分别编织,完成后与袖片缝合而成。

2.起织后片,下针起针法起79针织花样A,织10行,改织花样B,织至82行,第83行织片左右两侧各平收4针,改织花样C,接着两侧减针编织插肩袖窿。方法为2-1-24,插肩缝织2针花样E,织至98行,改织花样B,织至114行,改织花样C,织至130行,织片余下23针,用防解别针扣起,留待编织衣领。

3.起织左前片,下针起针法起43针织花样A,织10行,改织花样B,右侧继续编织7针花样A作为衣襟,织至82行,

第83行织片左侧平收4针,改织花样C,接着左侧减针编织插肩袖窿。方法为2-1-24,插肩缝织2针花样E,织至98行,改织花样B,织至114行,改织花样C,织至130行,织片余下15针,用防解别针扣起,留待编织衣领。

4.相同的方法相反方向编织右前片,完成后将左右前片与后片的侧缝缝合,前片及后片的插肩缝对应袖片的插肩缝缝合。

领片制作说明

棒针编织法,挑起69针编织花样A,织10行后,收针断线。

袖片制作说明

1.棒针编织法,编织两片袖片。

2.下针起针法,起50针织花样A,织至10行,改织花样B,一边织一边两侧加针,方法为16-1-3,织至72行,两侧各平收针4针,改织花样C,接着两侧减针编织插肩袖山。方法为2-1-24,插肩缝两边再各织2组花样E,织至88行,改织花样B,织至104行,改织花样C,织至120行,织片余下8针,用防解别针扣起,留待编织衣领。

3.同样的方法编织左袖片。

4.将两袖侧缝对应缝合。

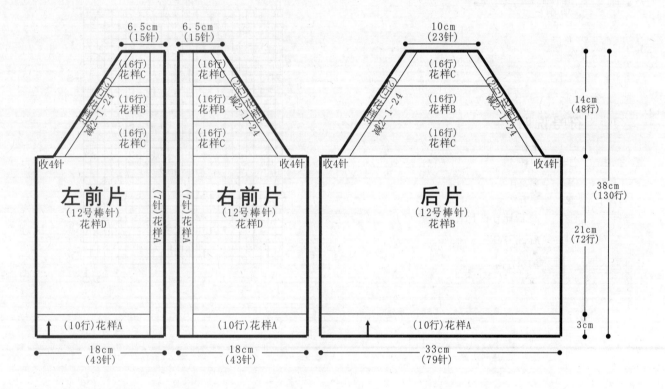

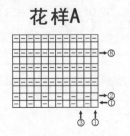

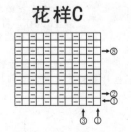

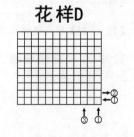

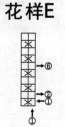

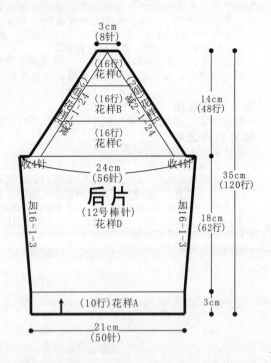

3cm
(8针)

(16行)
花样C

(9行)花样E

减2-1-24 (16行) 减2-1-24
花样B

(16行)
花样C

14cm
(48行)

收4针 24cm 收4针
(56针)

后片
(12号棒针)
花样D

35cm
(120行)

加
16-1-3

加
16-1-3

18cm
(62行)

(10行)花样A

3cm

21cm
(50针)

领片
(12号棒针)
花样A

3cm
(10行)

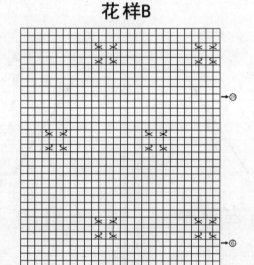

花样B

符号说明：

□　　上针

□=① 　下针

⊠　　穿左针

⊠　　穿右针

⊠　　左上1针与右下1针交叉

2-1-3　行-针-次

↑　　编织方向

粉色童趣背心

【成品规格】衣长37cm，半胸围28cm，肩宽21cm
【工　　具】12号棒针
【编织密度】花样A：23针×28行=10cm²
　　　　　　花样C：20针×30行=10cm²
【材　　料】粉红色棉线200g

前片/后片制作说明

1.棒针编织法，衣身分为后片，左右前片连后摆片衣领编织。

2.起织左前片，从上往下织下针起针法，起20针织花样A织14行后，右侧8针作为衣襟，中间加针编织，方法为4-1-7，织至42行，左侧加起3针，共30针不加减针继续编织，织至180行，第181行左侧平收3针，右侧按左侧同样的方法针织成衣领，方法为4-1-7，织至208行，织片余下20针，织至300行，将织片与左前片起针缝合。

3.沿左右前片中间78行挑织前片，挑起57针织花样B与花样C组合编织，织至30行，两侧各平收3针，织至72行，织片成51针，收针断线。

4.将左右前片与后片的两侧缝对应缝合，两肩部对应缝合。

118

花样A

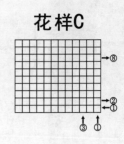

花样C

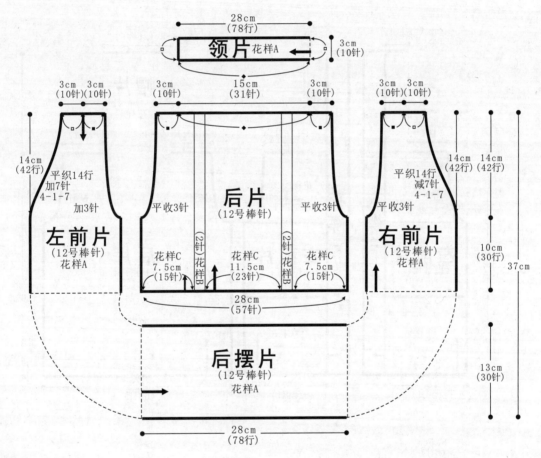

领片 花样A

28cm
(78行)

3cm
(10针)

3cm 3cm
(10针)(10针)

3cm
(10针)

15cm
(31针)

3cm
(10针)

3cm 3cm
(10针)(10针)

14cm
(42行)

平织14行
加7针
4-1-7

加3针

左前片
(12号棒针)
花样A

后片
(12号棒针)

平收3针

平收3针

花样C
7.5cm
(15针)

(2针)花样B

花样C
11.5cm
(23针)

(2针)花样B

花样C
7.5cm
(15针)

平织14行
减7针
4-1-7

平收3针

右前片
(12号棒针)
花样A

14cm
(42行)

14cm
(42行)

10cm
(30行)

37cm

28cm
(57针)

后摆片
(12号棒针)
花样A

13cm
(30针)

28cm
(78行)

花样B

符号说明：

符号	说明
⊟	上针
□=☐	下针
⊠	左上1针与右下1针交叉
⊠⊠	穿右2针交叉
⊠⊠⊠	左上2针与右下2针交叉
⊠⊠⊠	右上2针与左下2针交叉
⊠⊠⊠⊠	右上3针与左下3针交叉

2-1-3　　行-针-次

↑　　编织方向

自然系纯色小外套

【成品规格】衣长44cm，半胸围38cm，肩32cm，袖长36cm
【工　　具】11号棒针
【编织密度】18针×26行=10cm²
【材　　料】浅蓝色羊毛线500g，纽扣3枚

前片/后片制作说明

1. 棒针编织法，衣身分为左前片、右前片和后片分别编织而成。
2. 起织后片，双罗纹针起针法，起68针，织花样A，织8行后改织花样B，织至78行的高度，两侧减针织成袖窿，方法为1-2-1，2-1-3，织至114行，两侧各收15针，中间28针留起待织帽子。
3. 起织左前片，双罗纹针起针法，起29针，织花样A，织8行后，第9行每隔1针加起1针，加起的针数用另一根针串起，留待编织衣身，原织片继续往上编织至40行，

双罗纹针收针法收针断线。另起线编织之前留起的针数，29针，织花样B，织至78行的高度，改织花样C，左侧减针成袖窿，方法为1-2-1，2-1-3，织至114行，左侧收16针，右侧8针留起待织帽子。
5. 同样的方法相反方向编织右前片，完成后将左右前片与片的两侧缝对应缝合，两肩部对应缝合。
6. 起织帽子。将前后片领口留起的42针连起来编织花样B，不加减针织52行后，收针。
7. 沿左右前片衣襟侧挑针编织衣襟，挑起116针织花样A，16行后，双罗纹针收针法收针断线。

袖片制作说明

1. 棒针编织法，编织两片袖片。从袖口起织。
2. 起38针，织花样A，织8行后，改织花样B，两侧一边织一加针，方法为10-1-6，织至74行。接着减针编织袖山，两同时减针，方法为1-2-1，2-2-10，两侧各减少22针，织94行，织片余下6针，收针断线。
3. 同样的方法再编织另一袖片。
4. 缝合方法:将袖山对应前片与片的袖窿线，用线缝合，再将两袖侧缝对应缝合。

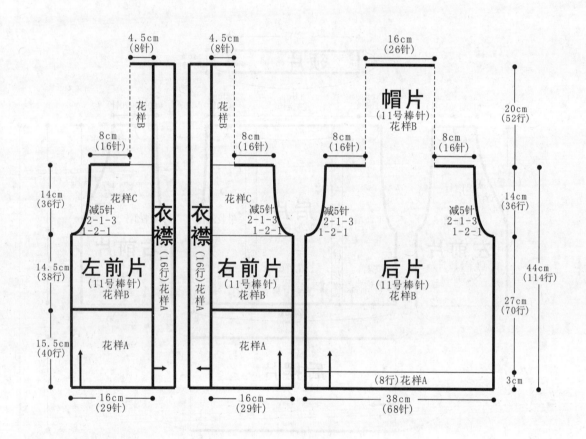

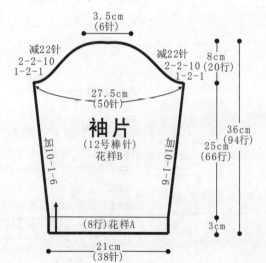

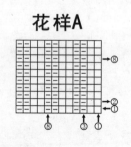

花样A

符号说明：

- □ 上针
- □=□ 下针
- ⊠ 左上1针与右下1针交叉
- 2-1-3 行-针-次
- ↑ 编织方向

花样B

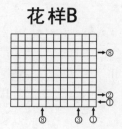

⑧
②
①
⑧ ③ ①

花样C

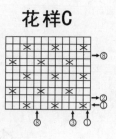

⑧
②
①
⑧ ③ ①

俏丽花朵公主裙

【成品规格】衣长19cm，半胸围29cm，肩宽
　　　　　　23cm，袖长34cm
【工　　具】12号棒针，1.25mm钩针
【编织密度】34针×42行=10cm²
【材　　料】粉红色棉线250g

左右前片/后片制作说明

1.棒针编织法，衣身分为左前片、右前片和后片分别编织。

2.起织后片，下针起针法，起98针织花样A，织4行后，改织花样B，织至22行，两侧减针织成袖窿，方法为1-4-1，2-1-6，织至77行，中间平收42针，两侧减针织成后领，方法为2-1-2，织至80行，两侧肩部各余下16针，收针断线。

3.起织左前片，下针起针法，起48针织花样A，织4行

后，改织花样B，织至22行，左侧减针织成袖窿，方法为1-4-1，2-1-6，右侧减针织成前领，方法为2-1-22，织至80行，肩部余下16针，收针断线。

4.同样的方法相反方向编织右前片，完成后将左右前片与后片侧缝缝合，两肩部相应对应缝合。

领片制作说明

沿领口及衣襟边沿分别钩织3行花样C作为花边。

袖片制作说明

1.棒针编织法，编织两片袖片。从袖口起织。

2.下针起针法，起62针织花样A，织4行后，改织花样B，两侧一边织一边加针，方法为8-1-13，织至104行，开始减针编织袖山，两侧同时减针，方法为1-4-1，2-1-19，织至142行，织片余下42针，收针断线。

3.同样的方法再编织另一袖片。

4.缝合方法:将袖山对应前片与后片的袖窿线，用线缝合，再将两袖侧缝对应缝合。

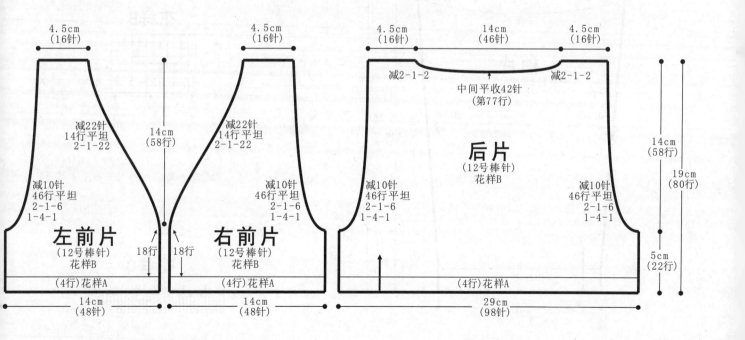

4.5cm (16针)　　　4.5cm (16针)　　　4.5cm (16针)　　14cm (46针)　　4.5cm (16针)

减2-1-2　　　　　　　　　　　减2-1-2

中间平收42针 (第77行)

减22针 14行平坦 2-1-22　　　减22针 14行平坦 2-1-22

14cm (58行)

后　片
(12号棒针)
花样B

14cm (58行)

减10针 46行平坦 2-1-6 1-4-1　　　减10针 46行平坦 2-1-6 1-4-1　　　减10针 46行平坦 2-1-6 1-4-1　　　减10针 46行平坦 2-1-6 1-4-1

19cm (80行)

左前片
(12号棒针)
花样B　18行

右前片
(12号棒针)
花样B

18行

5cm (22行)

(4行)花样A　　　(4行)花样A　　　(4行)花样A

14cm (48针)　　　14cm (48针)　　　29cm (98针)

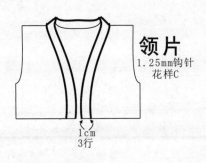

领片
1.25mm钩针
花样C

1cm
3行

花样A

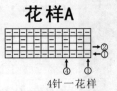

4针一花样

花样B

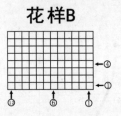

花样C

余42针

减23针　　　　　　　减23针
2-1-19　　　　　　　2-1-19
1-4-1　　　　　　　1-4-1

9cm
(38行)

26cm
(88针)

袖片
(12号棒针)
花样B

34cm
(142行)

加13针　　　　　　加13针
8-1-13　　　　　　8-1-13

25cm
(104行)

(4行)花样A

18cm
(62针)

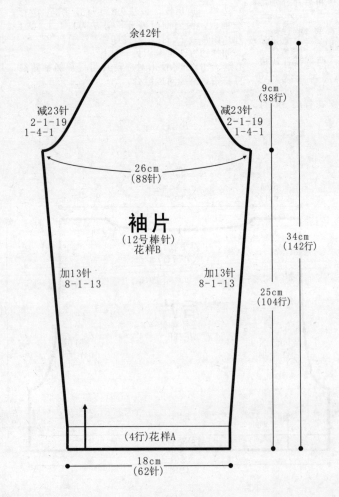

122

大气花朵披肩

【成品规格】披肩长81cm，宽18cm
【工　　具】8号棒针，9号棒针，3mm钩针
【编织密度】20针×30行=10cm²
【材　　料】粉红色宝宝绒线350g

披肩制作说明

1.棒针编织法，一片编织而成。用粗线编织。
2.起织，下针起针法，起2针，起织花样A搓板针，并在两侧进行加针，4-1-12，织成48行，针数织成26针，并在最后一行里，分散收针14针，余下12针，改织花样B单罗纹针，不加减针，编织20行的长度后，下一行起，分

散加针，加24针，将针数加成36针，不加减针，编织104行的长度后，在最后一行里，分散减24针，余下12针，全织花样B单罗纹针，不加减针，编织20行的长度后，分散加针加14针，并起织花样A，在两侧进行减针，4-1-12，织成48行，余下2针，收针断线，最后用钩针制作一朵立体花，图解见花样C。披肩完成。

帽子制作说明

1.棒针编织法，一片编织而成。用粗线编织。
2.起织，下针起针法，起96针首尾连接，环织，起织花样B单罗纹针，不加减针，编织10行的高度后，改织花样E，不加减针，编织28行的高度后，将织片分成6等份进行并针编织，每一等份16针，并针方法是2-1-8，织成16行，织片余下6针，收为1针，打结，藏好线尾。帽子完成。

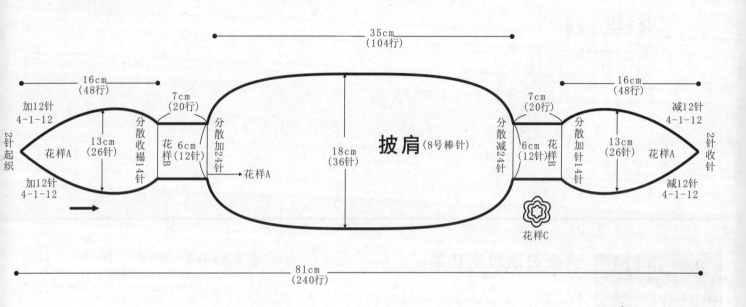

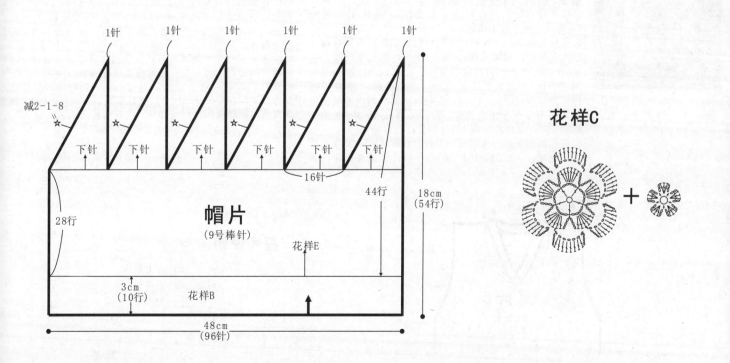

花样A (搓板针)

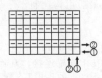

花样B (单罗纹)

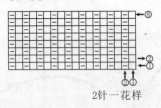

2针一花样

花样D

符号说明：

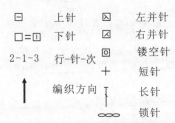

□	上针	⊠	左并针
□=Ⅰ	下针	⊠	右并针
		◉	镂空针
2-1-3	行-针-次	＋	短针
↑	编织方向	〡	长针
		∞∞∞	锁针

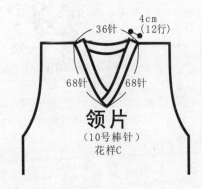

清新波浪纹男孩装

【成品规格】衣长50cm，胸宽35cm，肩宽30cm
【工　具】10号棒针
【编织密度】23针×32行=10cm²
【材　料】白色丝光棉线400g，蓝色线30g

前片/后片/袖片制作说明

1.棒针编织法，由前片1片、后片1片、袖片2片、领片1片组成。从下往上织起。

2.前片的编织。一片织成。用白色线起针，双罗纹起针法，起80针，起织花样A，编织4行后，换成蓝色线，编织2行后，再换成白色线继续编织，织成16行，开始编织花样B，不加减针，织成90行，至袖窿。袖窿起减针，两侧同时收针4针，然后2-1-4，同时在织成袖窿中间开始两边进行领边减针，2-2-5，4-1-8，8行平坦，织60行后，至肩部，两边各余14针，收针断线。

3.后片的编织。一片织成。用白色线起针，双罗纹起针法，起80针，起织花样A，编织4行后，换成蓝色线，编

织2行后，再换成白色线继续编织，织成16行，开始编织花样B，不加减针，织成90行，至袖窿。袖窿起减针，两侧同时收针4针，然后2-1-4，织成56行，中间平收32针，两边开始领边减针，2-1-2，至肩部，两边各余下14针，收针断线。

4.袖片的编织。一片织成。用白色线起针，双罗纹起针法，起40针，起织花样A，编织4行后，换成蓝色线，编织2行后，再换成白色线继续编织，织成16行，进行分散加针20针，以60针开始编织花样B，两边侧缝加针，10-1-8，10行平坦，织90行至袖窿。并进行袖山减针，两边各收针4针，然后2-1-26，织成54行，余下16针，收针断线。相同的方法去编织另一袖片。

5.拼接，将前片的侧缝与后片的侧缝和肩部对应缝合。再将两袖片的袖山边线与衣身的袖窿边对应缝合。

6.领片的编织。沿着前领边用白色线各挑68针，后领边挑36针，编织花样C，织6行后，换成蓝色线，编织2行后，再换成白色线继续编织，织成12行，收针断线。衣服完成。

36针　4cm (12行)

68针　68针

领片
（10号棒针）
花样C

符号说明：

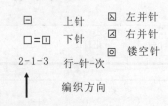

□	上针	⊠	左并针
□=Ⅰ	下针	⊠	右并针
		◉	镂空针
2-1-3	行-针-次		
↑	编织方向		

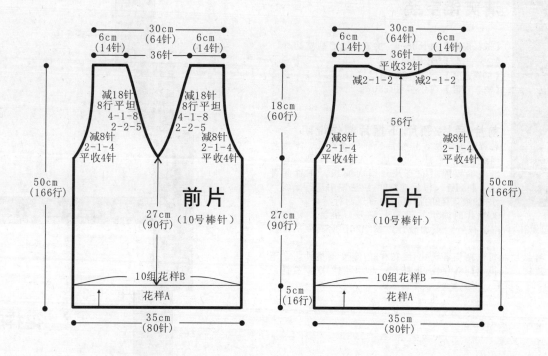

前片
（10号棒针）

30cm
（64针）
6cm
（14针）
6cm
（14针）
36针

减18针
8行平坦
4-1-8
2-2-5

减8针
2-1-4
平收4针

27cm
（90行）

10组花样B

花样A

50cm
（166行）

35cm
（80针）

18cm
（60行）

27cm
（90行）

5cm
（16行）

后片
（10号棒针）

30cm
（64针）
6cm
（14针）
6cm
（14针）
36针

平收32针
减2-1-2   减2-1-2

56行

减8针
2-1-4
平收4针

减8针
2-1-4
平收4针

10组花样B

花样A

50cm
（166行）

35cm
（80针）

袖片
（10号棒针）

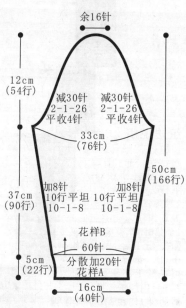

余16针

12cm
（54行）

减30针
2-1-26
平收4针

减30针
2-1-26
平收4针

33cm
（76针）

50cm
（166行）

37cm
（90行）

加8针
10行平坦
10-1-8

加8针
10行平坦
10-1-8

花样B
60针

5cm
（22行）

分散加20针
花样A

16cm
（40针）

花样A（双罗纹）

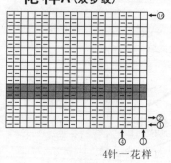

4针一花样

花样C（单罗纹）

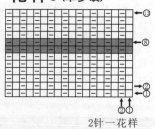

2针一花样

花样B

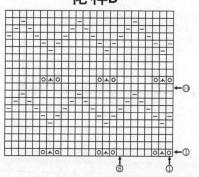

125

清爽镂空装

【成品规格】衣长36cm，胸宽22cm，肩宽20cm
【工　　具】9号棒针
【编织密度】38针×37.8行=10cm²
【材　　料】白色羊毛线300g

前片/后片/领片/下摆片制作说明

1.棒针编织法，由领片、前后衣身片、下摆片组成。

2.先编织前后衣身片，横向编织，下针起针法，起34针，根据花样B的织法说明进行编织，织成9组花样B的高度，将首尾两行缝合。

3.领片的编织。沿着一侧开口挑针，密实挑针，挑出144针，起织花样A双罗纹针，不加减针，编织26行的高度后，收针断线。

4.下摆片的编织，将织片对折，两侧各选出1组花样B的高度不挑针，余下的中间挑针，后片挑针，共挑出168针起织下摆片，起织花样A双罗纹针，不加减针，编织34行的高度后，收针断线。衣服完成。

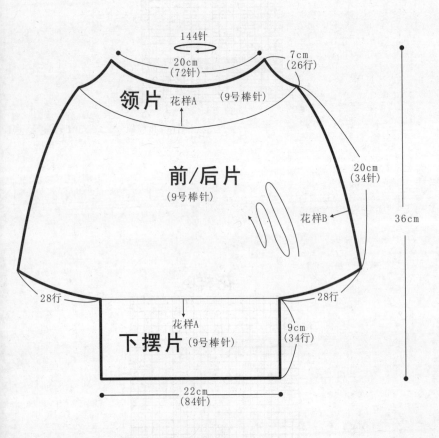

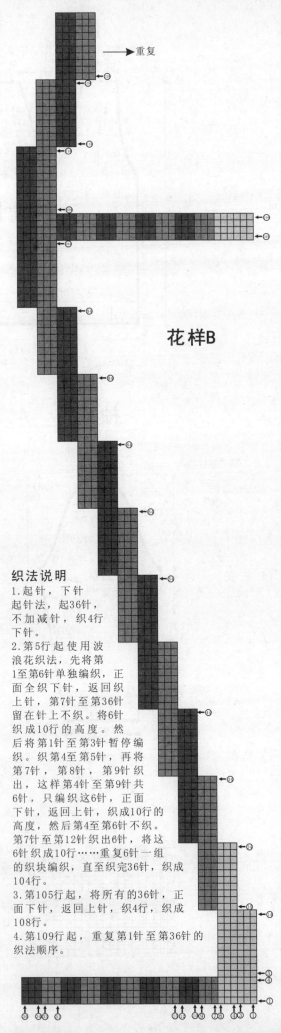

花样B

织法说明

1.起针，下针起针法，起36针，不加减针，织4行下针。

2.第5行起使用波浪花织法，先将第1至第6针单独编织，正面全织下针，返回织上针，第7针至第36针留在针上不织。将第6针织成10行的高度。然后将第1针至第3针暂停编织。织第4至第5针，再将第7针，第8针，第9针织出，这样第4针至第9针共6针，只编织这6针，正面下针，返回上针，织成10行的高度，然后第4至第6针不织。第7针至第12针织出6针，将这6针织成10行……重复6针一组的织块编织，直至织完36针，织成104行。

3.第105行起，将所有的36针，正面下针，返回上针，织4行，织成108行。

4.第109行起，重复第1针至第36针的织法顺序。

花样A（双罗纹）

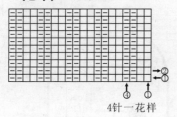

4针一花样

符号说明：

⊡	上针
□=⊡	下针
2-1-3	行-针-次
↑	编织方向

娇艳橘色外套

【成品规格】衣长36cm，胸宽26cm，袖长34cm，
　　　　　　袖宽10.5cm
【工　　具】11号棒针
【编织密度】28针×35行=10cm²
【材　　料】橘黄色毛线600g

前片/后片/领片/袖片制作说明

1.棒针编织法，分为左前片、右前片、后片分别编织，再编织两个袖片进行缝合，最后编织帽子及衣襟。
2.前片的编织，分为左前片和右前片，左前片与右前片编织方法一样，但方向相反；以右前片为例，单罗纹起针法，起42针，花样A起织，不加减针编织18行高度；下一行起，改织18针下针+21针花样B+3针下针排列，不加减针，织56行至袖窿；下一行起，左侧减针，平收3针，2-1-2，4-1-4，减9针，织20行。自袖窿处起织48行高度，下一行右侧进行衣领减针，平收15针，1-1-8，减23针，织8行，余下10针，收针断线；用相同方法及相反

方向编织左前片。
3.后片的编织，单罗纹起针法，起85针，花样A起织，不加减针编织18行高度；下一行起，改织32针下针+21针花样B+32针下针排列，不加减针，织56行至袖窿；下一行两边同时减针，平收3针，2-1-2，4-1-4，减9针，织20行，不加减针编织36行高度，余下67针，收针断线。
4.袖片的编织，单罗纹起针法，起36针，花样A起织，不加减针，织12行；下一行起，改织13针下针+10针花样C+13针下针排列，两边同时加针，6-1-11，加11针，织66行，加成58针；下一行起，两边同时减针，平收3针，2-1-3，4-1-9，减15针，织42行，余下28针，收针断线；用相同方法编织另一袖片。
5.拼接，将左右前片及后片与袖片对应缝合。
6.帽片的编织，从后片挑47针，左右前片各挑24针，下针起针，织66行；下一行起进行减针，从中间2针上相反方向减针，1-1-8，减8针，织8行，收针断线后进行缝合。
7.衣襟的编织，于左右前片边缘，帽子前侧挑针，单罗纹起织，不加减针，织8行，收针断线，衣服完成。

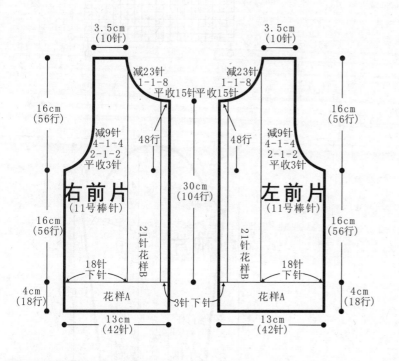

右前片（11号棒针）　左前片（11号棒针）

3.5cm（10针）　3.5cm（10针）
减23针 1-1-8
平收15针　平收15针
16cm（56行）
减9针 4-1-4 2-1-2 平收3针
48行
30cm（104行）
21针花样B
18针下针
16cm（56行）
4cm（18行）
花样A
3针下针
13cm（42针）

符号说明：

⊡	上针
□=⊡	下针
2-1-6	行-针-次
↑	编织方向
◮	中上3针并1针
⊡	镂空针
▦	右上3针与左下3针交叉

127

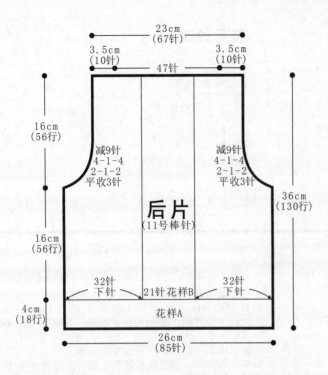

23cm
(67针)
3.5cm
(10针)
3.5cm
(10针)
47针

16cm
(56行)

减9针
4-1-4
2-1-2
平收3针

减9针
4-1-4
2-1-2
平收3针

后片
(11号棒针)

36cm
(130行)

16cm
(56行)

32针
下针

21针花样B

32针
下针

花样A

4cm
(18行)

26cm
(85针)

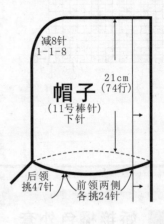

减8针
1-1-8

帽子
(11号棒针)
下针

21cm
(74行)

后领
挑47针

前领两侧
各挑24针

花样A

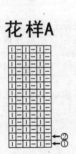

花样B

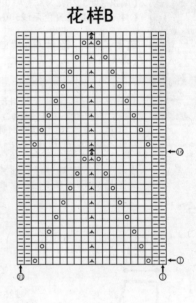

花样C

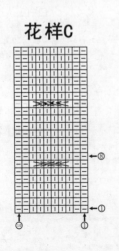

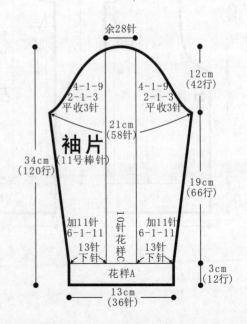

余28针

4-1-9
2-1-3
平收3针

4-1-9
2-1-3
平收3针

12cm
(42行)

21cm
(58针)

袖片
(11号棒针)

34cm
(120行)

19cm
(66行)

加11针
6-1-11

10针
花样C

加11针
6-1-11

13针
下针

13针
下针

花样A

3cm
(12行)

13cm
(36针)

粉色清爽短袖

【成品规格】衣长39cm，半胸围29cm，肩宽24cm
【工　　具】10号棒针
【编织密度】25针×29行=10cm²
【材　　料】粉红色棉线300g

前片/后片制作说明

1.棒针编织法，衣身分为前片、后片来编织。
2.起织后片，下针起针法，起90针织花样A，两侧一边

织一边减针，方法为6-1-9，织76行后，改织花样B，两侧减针织成袖窿，方法为1-4-1，2-1-2，织至103行，中间平收16针，两侧减针织成后领，方法为2-1-6，织至114行，两侧肩部各余下16针，收针断线。
3.起织前片，下针起针法，起90针织花样A，两侧一边织一边减针，方法为6-1-9，织76行后，改织花样B，两侧减针织成袖窿，方法为1-4-1，2-1-2，织至85行，中间平收14针，两侧减针织成前领，方法为2-1-7，织至114行，两侧肩部各余下16针，收针断线。
4.将前片与后片的两侧缝缝合，两肩部对应缝合。

领片/袖边制作说明

沿领口和袖口边沿分别钩织1行花样C作为花边。

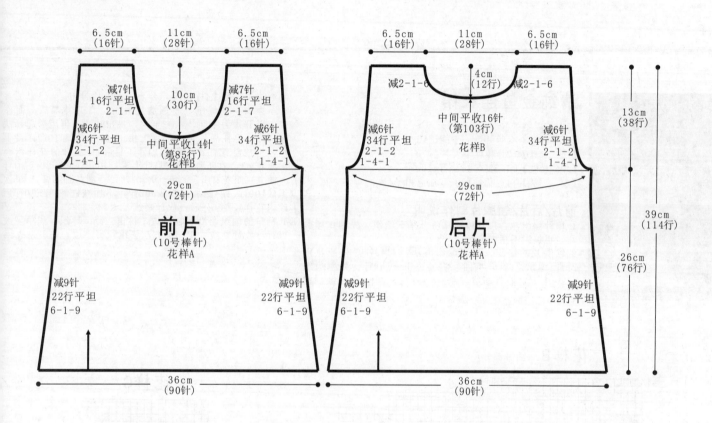

前片
(10号棒针)
花样A

后片
(10号棒针)
花样A

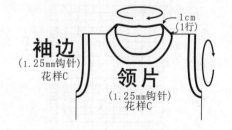

袖边
(1.25mm钩针)
花样C

领片
(1.25mm钩针)
花样C

符号说明：

⊟	上针
□=⊡	下针
⊙	镂空针
⊠	左上2针并1针
╎	长针
+	短针
2-1-3	行-针-次
↑	编织方向

花样A

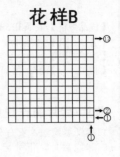

花样B

花样C

清纯金鱼连衣裙

【成品规格】衣长50cm，半胸围40cm
【工　　具】12号棒针
【编织密度】34.8针×36.4行=10cm²
【材　　料】白色棉线400g，红色扣子4枚

前片/后片/领胸片制作说明

1.棒针编织法，12号棒针，从上往下编织。先编织领胸片，再编织下摆衣身片。
2.领胸片的编织。折回编织方法，起43针，依照花样B折回编织，6行一折回，将领边织成144行，外侧边织成290行后，收针断线。在最后4行内，制作4个扣眼。在

起织边上，钉上4枚扣子。合上。将领片封闭。
3.下摆衣身的编织。将领胸片对折，有开补襟的一面作片，以开襟为中间，从右至左，挑出80针，再用单起针法起10针，再在后片对应位置上挑出80针，再起10针，接上片，形成环织，往下起织14针下针和1针上针的花样组合参照花样C，在下针的两侧1针上进行加针，每织20行加1针一圈共12组花样C，每组一次加2针，一圈共加24针，加5次织成100行，一圈加针织成300针，不加减针，再织20行后改织花样A，织6行后，收针断线。
4.袖口的编织，沿着袖口边，挑出52针，环织，织单罗纹10行，收针断线。相同的方法去编织另一边。衣服完成。

花样B（圆肩部分）

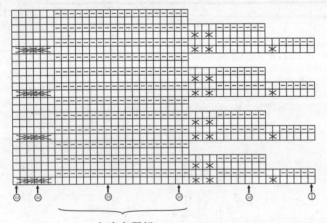

加金鱼图解

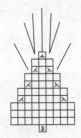

花样C

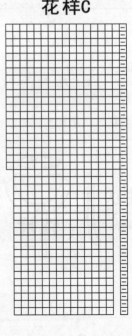

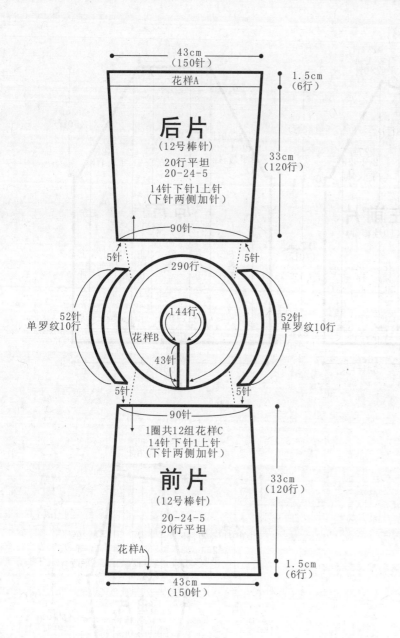

43cm
(150针)

花样A

后片
(12号棒针)
20行平坦
20-24-5
14针下针1上针
(下针两侧加针)

1.5cm
(6行)

33cm
(120行)

90针

5针　　　290行　　　5针

52针
单罗纹10行

144行

花样B

43针

52针
单罗纹10行

5针　　　　　　5针

90针
1圈共12组花样C
14针下针1上针
(下针两侧加针)

前片
(12号棒针)
20-24-5
20行平坦

33cm
(120行)

花样A

1.5cm
(6行)

43cm
(150针)

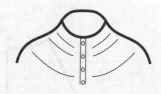

符号说明：

□　　　　　上针
□ = □　　　下针
2-1-3　　　行-针-次
↑　　　　　编织方向
▨▨▨　　 左上3针与右下3针交叉
▨　　　　 2针交叉
◩　　　　　左并针
◪　　　　　右并针
◉　　　　　镂空针

花样A

③　①

复古纯色外套

【成品规格】衣长34cm，胸宽32cm，袖长38cm
【工　　具】12号棒针
【编织密度】35针×42行=10cm²
【材　　料】白色羊毛线580g

前片/后片/袖片制作说明

1.棒针编织法，前、后身片、袖片分别编织而成。
2.前片的编织。分两片编织，单罗纹针起针，起61针，54针织花样A，7针织花样B，花样A织14行，第15行起分别编织花样C、花样D、花样E、上针，7针花样B连续编织至领窝，织70行的高度，至袖窿。袖窿起减针，一边减4针，然后2-1-23，减27针，当织成袖窿算起38行的高度时，进行前衣领减针，平收30针，再减针，2-1-4，

收针断线。同样方法完成另一侧前片，减针方向相反。
3.后片的编织。起106针，花样编织与前片相同，织70行后开始袖窿减针，两边同时减4针，然后2-1-25，两边各减少29针，后领最后余48针，收针断线。
4.袖片的编织。从袖口起织，起66针，织花样A，织14行，下一行起织上针、花样F、花样D、花样C、花样D、花样F、上针，在两袖侧缝上进行加针，加12-1-8，织成96行，至袖山减针，两侧同时收4针，2-1-23，然后与后片连接侧继续织，并在袖山中间加2-1-2针，织4行后减2-1-2，完成后袖山与前片连接边减少27针，与后片连接边减少29针，余下26针，收针断线，相同的方法再编织另一边袖片。
5.拼接，将前片的侧缝与后片的侧缝，前后片肩部与袖片对应缝合。
6.衣领的编织。沿着前后衣领边，挑出160针，编织花样A，织14行后，收针断线。衣服完成。

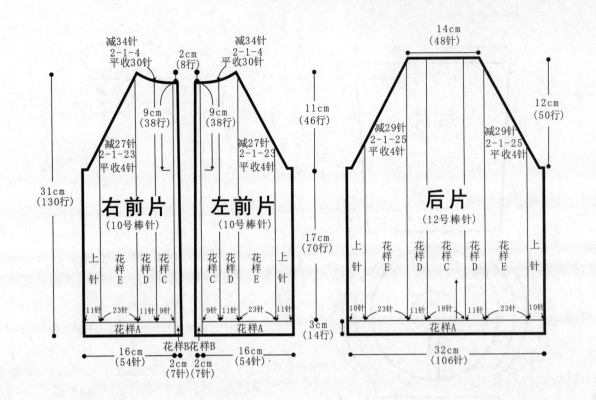

減34针
2-1-4
平收30针
2cm
(8行)
減34针
2-1-4
平收30针

14cm
(48针)

9cm
(38行)
9cm
(38行)

11cm
(46行)

12cm
(50行)

減27针
2-1-23
平收4针
減27针
2-1-23
平收4针

31cm
(130行)

減29针
2-1-25
平收4针
減29针
2-1-25
平收4针

右前片
(10号棒针)

左前片
(10号棒针)

后片
(12号棒针)

17cm
(70行)

上针　花样E　花样D　花样C

花样C　花样D　花样E　上针

上针　花样E　花样D　花样C　花样D　花样E　上针

11针　23针　11针　9针

9针　11针　23针　11针

10针　23针　11针　18针　11针　23针　10针

3cm
(14行)

花样A

花样A

花样A

16cm
(54针)
花样B花样B
16cm
(54针)

32cm
(106针)

2cm
(7针)
2cm
(7针)

领片
(12号棒针)
下针

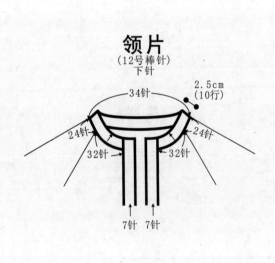

2.5cm
(10行)

34针

24针
24针

32针
32针

7针　7针

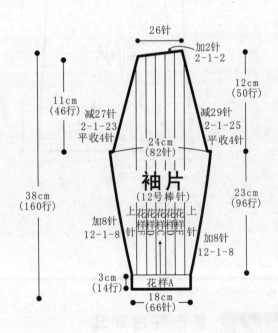

26针
加2针
2-1-2

11cm
(46行)
減27针
2-1-23
平收4针

12cm
(50行)

24cm
(82针)

減29针
2-1-25
平收4针

38cm
(160行)

袖片
(12号棒针)

加8针
12-1-8

上针　花样　花样　花样　花样　上针

加8针
12-1-8

23cm
(96行)

3cm
(14行)

花样A

18cm
(66针)

符号说明：

⊟	上针	▽	左放3针
□=□	下针	⬚	右并3针
2-1-3	行-针-次		右上3针与左下1针交叉
↑	编织方向		左上3针与右下1针交叉
			右上3针与左下3针交叉

小球织法

●=

花样E

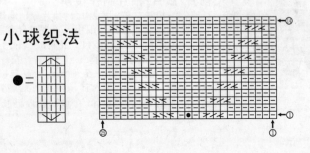

花样A

花样B

花样C

花样D

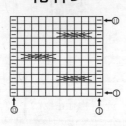

花样F

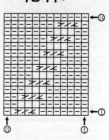

卡通套头衫

【成品规格】衣长39cm，胸宽29cm
【工　具】10号棒针
【编织密度】26针×35行=10cm²（下摆片花样）
【材　料】灰色腈纶毛线500g，白色少许

前片/后片/袖片制作说明

1. 棒针编织法，由前片和后片各一片，袖片2片组成。
2. 前片的编织。用10号针，一片编织而成。单罗纹起针法，起76针，起织花样A配色花样，不加减针，编织12行的高度。下一行起。全织下针，不加减针，织70行后。至袖窿减针，两侧同时收针4针，然后4-2-3，两侧减少10针，当织成袖窿算起20行的高度后，下一行中间收针

14针，分成两半各自编织。领边减针，2-1-5，不加减再织22行后，至肩部，余下16针，收针断线。在前片近下摆处，用彩色线用十字绣的方法。绣上图案花样B。
3. 后片的编织。后片袖窿以下的编织与前片完全相同，袖窿起两侧减针与前片相同，当织成袖窿算起48行后，下一行中间收针20针，两侧减针，2-1-2，至肩部余下16针，收针断线。
4. 袖片的编织。单罗纹起针法，起52针，起织花样A单罗纹针，不加减针，编织12行的高度后，下一行起全织下针，两侧加针，6-1-12，再织18行后，至袖山减针，两侧收针4针，然后2-2-9，各减少22针，织成18行，余下32针，收针断线。相同的方法去编织另一只袖片。再将袖片与衣身的袖窿线对应缝合。
5. 衣领的编织。沿着前后衣领边，挑针106针，起织花样A，不加减针，织12行的高度后，收针断线。衣服完成。

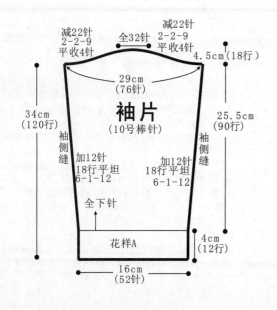

减22针 2-2-9 平收4针　全32针　减22针 2-2-9 平收4针　4.5cm（18行）

29cm（76针）

34cm（120行）　袖片（10号棒针）　25.5cm（90行）

袖侧缝　加12针 18行平坦 6-1-12　加12针 18行平坦 6-1-12　袖侧缝

全下针

花样A

4cm（12行）

16cm（52针）

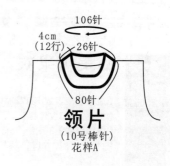

106针

4cm（12行）　26针

80针

领片（10号棒针）花样A

符号说明：

□　　上针

□=□　下针

2-1-3　行-针-次

↑　　编织方向

133

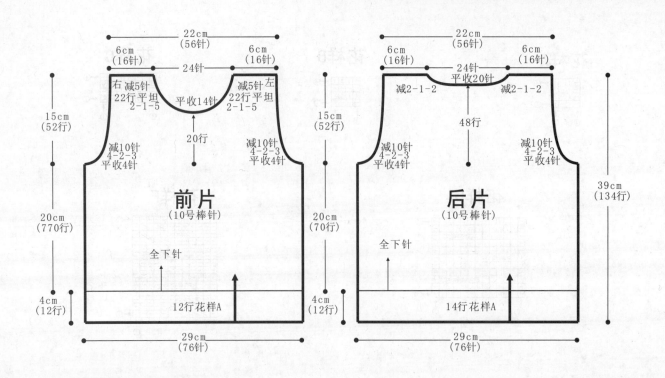

前片
（10号棒针）

22cm
（56针）

6cm
（16针）
6cm
（16针）

24针

右减5针
22行平坦
2-1-5

减5针左
22行平坦
2-1-5

平收14针

20行

15cm
（52行）

15cm
（52行）

减10针
4-2-3
平收4针

减10针
4-2-3
平收4针

全下针

20cm
（770行）

20cm
（70行）

4cm
（12行）

4cm
（12行）

12行花样A

29cm
（76针）

后片
（10号棒针）

22cm
（56针）

6cm
（16针）
6cm
（16针）

24针
平收20针

减2-1-2
减2-1-2

48行

减10针
4-2-3
平收4针

减10针
4-2-3
平收4针

全下针

39cm
（134行）

14行花样A

29cm
（76针）

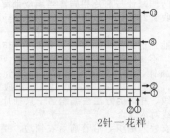

花样B（单罗纹）

⑫
←⑧
→②
→①

⑪

2针一花样

花样B

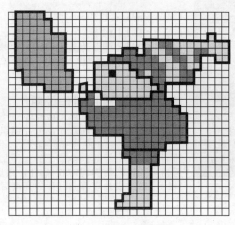

甜美糖果衣

【成品规格】衣长37cm，半胸围27cm
【工　　具】7号棒针
【编织密度】20针×25行=10cm²
【材　　料】米白色线300g，红色线50g

前片/后片/领片/袖片制作说明

1.棒针编织法，从下往上编织，由前片与后片、袖片、领片及装饰花朵组成。

2.前片的编织。

（1）起针，单罗纹起针法，起54针，起织花样A单罗纹针，不加减针，编织8行的高度。

（2）下一行起，依照花样B分配花样进行编织。不加减

针，织58行的高度后，至袖窿。

（3）袖窿以上的编织。两边同时减针，编织出袖窿线。两边同时平收3针，然后2-1-3，4-1-1。然后不加减针，当织袖窿算起18行的高度后，下一行开始前衣领减针，中间平收12针，两边1-1-2，2-1-2，4行平坦后，至肩部，余下1针，收针断线。

3.后片的编织。后片的袖窿以下，织法与前片完全相同，再重复。下一行两侧同时平收3针，2-1-3，4-1-1。然后不减针，织成袖窿算起的28行的高度，余40针，收针断线。

4.缝合。将前后片的肩部对应缝合。

5.领片的编织。编织花样A，前片挑出38针，后片挑出20针，共58针，起织花样A单罗纹针，不加减针，编织8行的高度后，收针断线。袖边挑出44针，不加减针往上织8行，收针断线，衣服完成。

6.装饰花朵的编织，用钩针钩织，图解见花样C，第一层红色，第二组白色，第三组红色。完成后别于前片胸前。

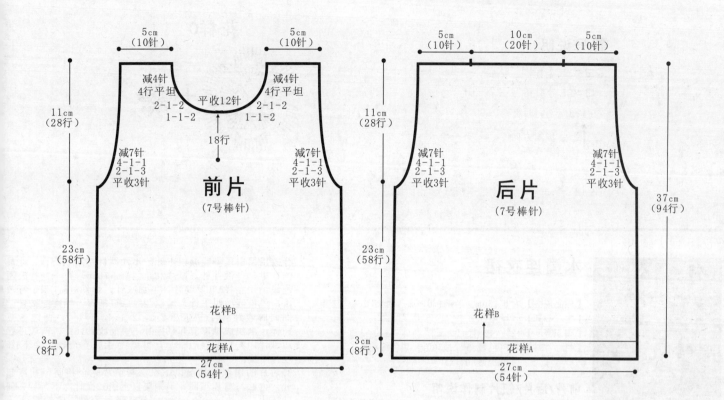

前片（7号棒针）

5cm（10针）　5cm（10针）

11cm（28行）

减4针 4行平坦 2-1-2 1-1-2　平收12针　减4针 4行平坦 2-1-2 1-1-2

18行

减7针 4-1-1 2-1-3 平收3针　减7针 4-1-1 2-1-3 平收3针

23cm（58行）

花样B

3cm（8行）　花样A

27cm（54针）

后片（7号棒针）

5cm（10针）　10cm（20针）　5cm（10针）

11cm（28行）

减7针 4-1-1 2-1-3 平收3针　减7针 4-1-1 2-1-3 平收3针

37cm（94行）

23cm（58行）

花样B

3cm（8行）　花样A

27cm（54针）

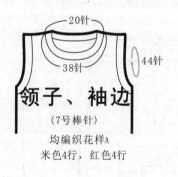

领子、袖边（7号棒针）

20针

38针

44针

均编织花样A
米色4行，红色4行

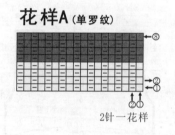

花样A（单罗纹）

⑧

②
①

2针一花样

装饰花朵

1.红色
2.白色
3.红色

1　2　3

花样B

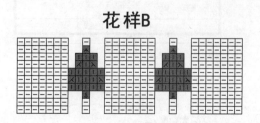

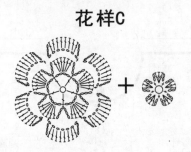

符号说明：

- □ 上针
- □=□ 下针
- 2-1-3 行-针-次

↑ 编织方向

水墨连衣裙

【成品规格】衣长46cm，半胸围32cm，袖长10cm

【工　　具】11号棒针

【编织密度】22针×28行=10cm²

【材　　料】黑白色段染棉线300g，黑色棉线50g，
白色棉线50g

前片/后片/领片制作说明

1.棒针编织法，由前片1片、后片1片、领边与袖口花边，用钩针钩织成。从下往上织起。

2.前片的编织。起针，单罗纹起针法，用黑色线，起98针，起织花样A单罗纹针，不加减针，编织8行，下一行改用黑白段染线编织下针，不加减针，编织56行，在最后一行里，分散并针，减少28针，余下70针，在下一行改用色线编织花样A单罗纹针，不加减针，编织8行，下一行改黑白段染线编织下针，编织12行后至袖窿。袖窿起减针，侧同时收针3针，然后2-2-1，2-1-4，4-1-2，两边各减11针，当织成袖窿算起40行时，中间收针16针，两边进行边减针，2-1-5，4-1-3，，再织4行后，至肩部，余下8针收针断线。

3.后片的编织。袖窿以下织法与前片完全相同，袖窿起针，方法与前片相同。当袖窿以上织62行时，下一行中间收针28针，两边减针，2-1-2，至肩部余下8针，收针断线。

4.拼接，将前片的侧缝与后片的侧缝和肩部对应缝合。

5.领片与袖口的编织，用钩针和白色线钩织花边，图解见样C。再沿着下摆边，挑针钩织花样B，用白色棉线钩织。

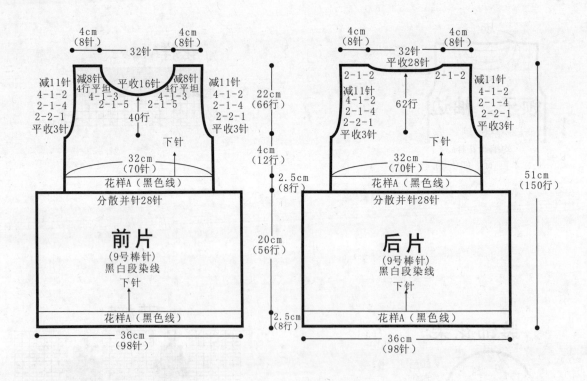

花样A（单罗纹）

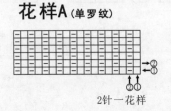

2针一花样

花样C

领边

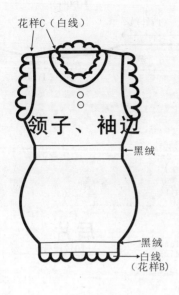

花样C（白线）

领子、袖边

←黑绒

←黑绒

←白线
（花样B）

花样B

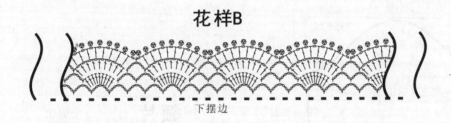

下摆边

优雅花朵外套

【成品规格】衣长37cm，胸宽39cm，肩宽30cm，
　　　　　　袖长33cm
【工　　具】10号棒针
【编织密度】20针×30.8行=10cm²
【材　　料】大红色腈纶线400g，木扣子5枚

前片/后片/袖片/领片制作说明

1. 棒针编织法，由前片2片、后片1片、袖片2片组成。从下往上织起。
2. 前片的编织。由右前片和左前片组成，以右前片为例。
　(1) 起针，下针起针法，起36针，编织花样A，不加减针，织12行的高度，
　(2) 袖窿以下的编织。第13行起，依照花样B分配好花样，并按照花样B的图解一行行往上编织，织成34行的高度，下一行全织下针，再织12行的高度至袖窿。
　(3) 袖窿以上的编织。第71行时，右侧不加减针，左侧往上编织，每织4行减2针，共减3次，然后不加减针往上织，袖窿以上织成22行时，右侧进行领边减针，左侧无变化，右侧先平收掉6针，然后每织2行减3针，共减2次，然后再织2行减1针，共减1次，织成6针，再织16行

后，至肩部，余下17针，收针断线。
　(4) 相同的方法，相反的方向去编织左前片。
3. 后片的编织。下针起针法，起72针，编织花样A，不加减针，织12行的高度。然后第13行起，分配成花样B，不加减针往上编织成34行的高度，然后全织下针，共12行至袖窿，然后袖窿起减针，方法与前片相同。当衣身织至第111行时，中间将22针收针收掉，两边相反方向减针，每织2行减1针，减2次，织成后领边，两肩部余下17针，收针断线。
4. 袖片的编织。袖片从袖口起织，下针起针法，起41针，编织花样A，往上织12行的高度，第13行起，编织花样E双桂花针，两边袖侧缝进行加针，从袖口第1行起，每织6行加1针，共加11次，织成66行，然后不加减针再织10行的高度，至袖窿。下一行起进行袖山减针，两边同时收针，每织4行减2针，共减6次，织成16行，最后余下51针，收针断线。相同的方法去编织另一袖片。
5. 拼接，将前片的侧缝与后片的侧缝对应缝合，将前后片的肩部对应缝合;再将两袖片的袖山边线与衣身的袖窿边对应缝合。
6. 领片的编织，用10号棒针织，沿着前后领边，挑出100针，起织花样D花样，衣领共分配成7组花样，每一组的加针方法如花样D所示。编织30行的高度后，收针断线。沿着衣襟边，挑60针起织花样C搓板针，共织8行后收针断线，右衣襟每隔11针织1个扣眼。在对侧衣襟钉上扣子。衣服完成。

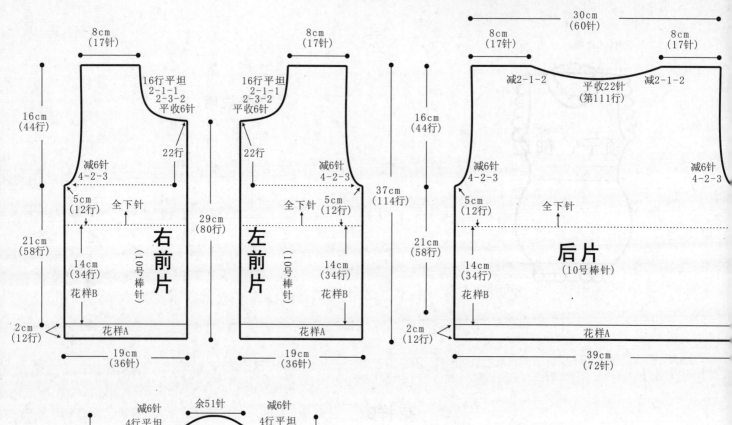

右前片（10号棒针）
8cm（17针）
16cm（44行）
16行平坦 2-1-1 2-3-2 平收6针
22行
减6针 4-2-3
5cm（12行）
全下针
14cm（34行）
花样B
29cm（80行）
2cm（12行）
花样A
19cm（36针）

左前片（10号棒针）
8cm（17针）
16行平坦 2-1-1 2-3-2 平收6针
22行
减6针 4-2-3
5cm（12行）
全下针
14cm（34行）
花样B
花样A
19cm（36针）

后片（10号棒针）
30cm（60针）
8cm（17针）
8cm（17针）
减2-1-2 平收22针（第111行）减2-1-2
16cm（44行）
减6针 4-2-3
减6针 4-2-3
5cm（12行）
全下针
21cm（58行）
14cm（34行）
花样B
37cm（114行）
2cm（12行）
花样A
39cm（72针）
21cm（58行）

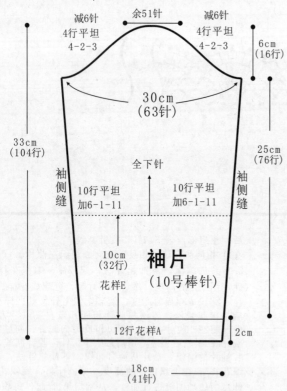

袖片（10号棒针）
减6针 4行平坦 4-2-3
余51针
减6针 4行平坦 4-2-3
6cm（16行）
30cm（63针）
33cm（104行）
全下针
袖侧缝
10行平坦 加6-1-11
10行平坦 加6-1-11
袖侧缝
25cm（76行）
10cm（32行）
花样E
12行花样A
2cm
18cm（41针）

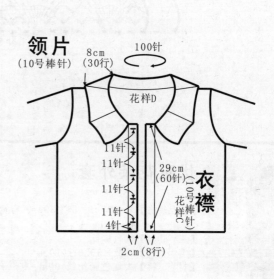

领片（10号棒针）
8cm（30行）
100针
花样D
11针
11针
11针
11针
4针
29cm（60针）
衣襟（10号棒针）花样C
2cm（8行）

花样C (搓板针)
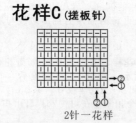
②
①
2针一花样

花样A
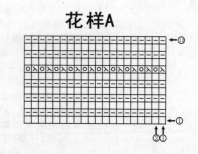
⑫
①
②①

138

花样B

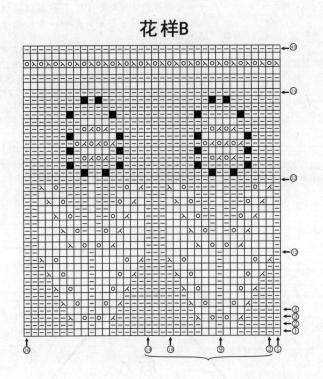

花样E

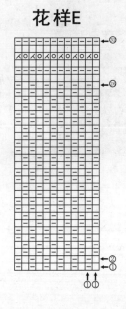

小球织法

符号说明：

⊟	上针
□=Ⅰ	下针
2-1-3	行-针-次
↑	编织方向
◩	右并针
◪	左并针
⊡	镂空针

花样D
(领片图解)

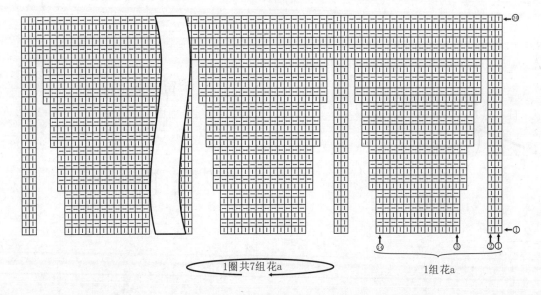

1圈共7组花a　　1组花a

绣花公主裙

【成品规格】裙长53cm，胸宽20cm
【工　　具】11号棒针
【编织密度】30针×40行=10cm²
【材　　料】黄色羊毛线520g，黑色羊毛线
　　　　　　60g，红色羊毛线2g

前片/后片/袖片制作说明

1.棒针编织法，裙子由下摆片、前片与后片圈织而成。
2.用黑色线起224针开始圈织下摆片，编织花样A，织10行，第11行起前片配色织花样B，后片全下针，两侧减针，4-1-26，织104行，下一行起编织花样C，两侧不减针织20行，完成后全织下针，织22行，从起针处共编织156行的高度，至袖窿。
3.袖窿减针:将前后身片对半针数分开，先进行前片编织开始袖窿减针，减4-2-12，前片袖窿减少针数为24针，前余12针。后片减针与前片相同，后片袖窿减少针数为26针后领余下8针。
4.袖片的编织。从袖口起织，黑色线起58针，织花样A，10行，下一行起织下针，并在两袖侧缝上进行加针，10-6，织成60行，至袖山减针，两侧同时收针，4-2-10，两各减少20针，余下30针，收针断线，相同的方法再编织另边袖片。
5.拼接，将前片的侧缝与后片的侧缝和肩部及袖片对应合。
6.衣领的编织。沿着前后衣领边，挑出110针，编织花样D织8行黄色线，然后加针并换黑色编织，织4行，收针断线衣服完成。

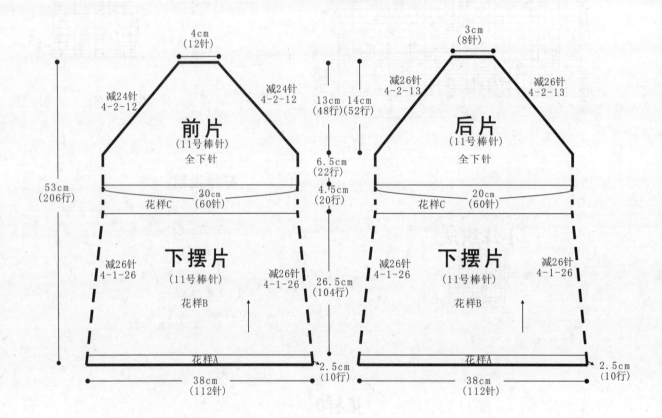

前片（11号棒针）全下针
后片（11号棒针）全下针
下摆片（11号棒针）花样B
下摆片（11号棒针）花样B

4cm（12针）
3cm（8针）
减24针 4-2-12
减24针 4-2-12
减26针 4-2-13
减26针 4-2-13
13cm（48行）
14cm（52行）
6.5cm（22行）
4.5cm（20行）
20cm（60针）花样C
20cm（60针）花样C
53cm（206行）
减26针 4-1-26
减26针 4-1-26
减26针 4-1-26
减26针 4-1-26
26.5cm（104行）
花样A
花样A
2.5cm（10行）
2.5cm（10行）
38cm（112针）
38cm（112针）

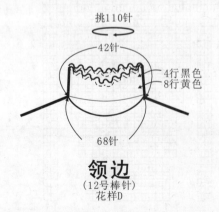

挑110针
42针
4行黑色
8行黄色
68针

领边
（12号棒针）
花样D

符号说明：

□	上针
□=国	下针
2-1-3	行-针-次
↑	编织方向

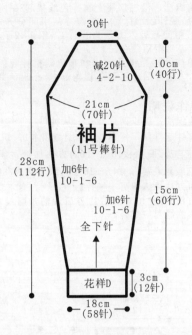

30针

减20针
4-2-10

10cm
(40行)

21cm
(70针)

袖片
(11号棒针)

28cm
(112行)

加6针
10-1-6

加6针
10-1-6

15cm
(60行)

全下针

花样D

3cm
(12针)

18cm
(58针)

花样A

花样C

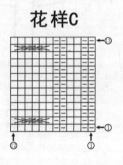

花样D

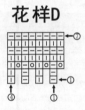

花样B

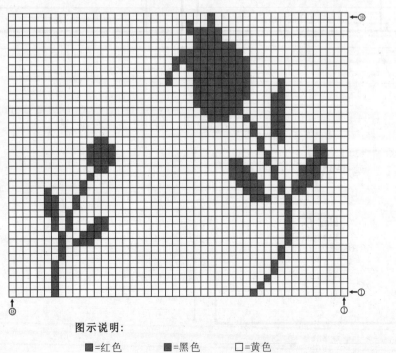

图示说明:

■=红色   ■=黑色   □=黄色

141

休闲卫衣款毛衣

【成品规格】衣长40cm，半胸围33cm，肩宽
　　　　　33cm，袖长37cm
【工　具】11号棒针
【编织密度】26针×34行=10cm²
【材　料】绿色棉线400g，咖啡色棉线80g

前片/后片制作说明

1.棒针编织法，衣身分为前片和后片分别编织。
2.起织后片，下针起针法咖啡色线起86针，织花样A，
织10行后，改为绿色线织花样B，不加减针织至132行，
第133行将中间平收40针，两侧减针织成后领，方法为
2-1-2，织至136行，两侧肩部各余下21针，收针断线。
3.前片的编织方法与后片相同，织至88行，第89行将中
间平收10针，两侧各38针不加减针分别往上编织，织至
125行，减针织成前领，方法为1-5-1，2-2-6，织至
136行，两侧肩部各余下21针，收针断线。

5.将前片与后片的两肩部缝合，两侧缝缝合后留起15cm高
袖窿。

帽片制作说明

1.棒针编织法，沿领口往上咖啡色线挑起86针，往返编织
样A，不加减针织74行后，将织片从中间分开成左右两片
别编织，中间减针，方法为2-1-4，织至82行，织片两侧
余下39针，将帽顶缝合。
2.编织帽檐。沿帽檐及前襟咖啡色线挑针起织，挑起168
织花样C，织4行后，两侧前襟留起4个孔眼，共织8行后，
针断线。

袖片制作说明

1.棒针编织法，编织两片袖片。从袖口往上编织。
2.单罗纹针起针法，绿色线起58针织花样D，织10行后改为
色线织花样B，两侧按10-1-10的方法加针，织至118行，
为咖啡色线织花样C，织至126行，织片变成78针收针断线。
3.同样的方法再编织另一袖片。
4.缝合方法:将袖山对应前片与后片的袖窿线，用线缝合
再将两袖侧缝对应缝合。

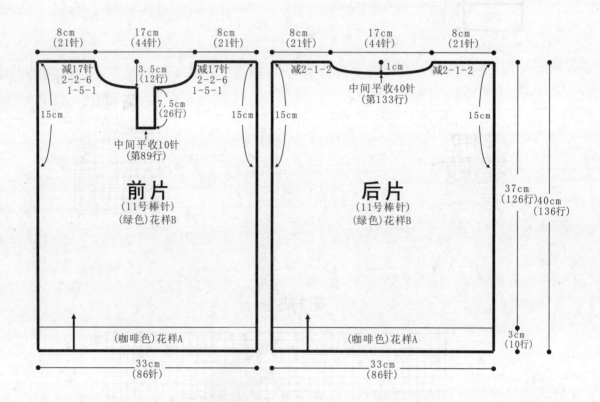

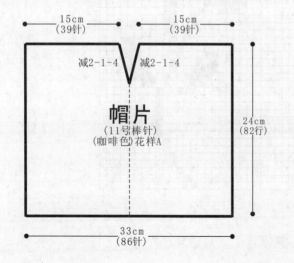

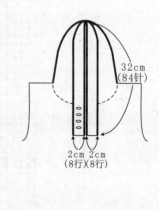

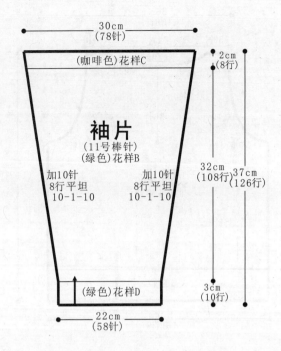

30cm
(78针)

(咖啡色)花样C

2cm
(8行)

袖片
(11号棒针)
(绿色)花样B

加10针　　　　加10针
8行平坦　　　　8行平坦
10-1-10　　　　10-1-10

32cm　37cm
(108行)(126行)

(绿色)花样D

3cm
(10行)

22cm
(58针)

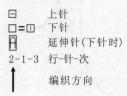
花样A

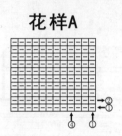

花样B

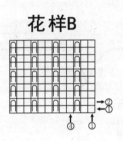

花样C

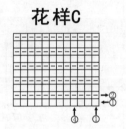

花样D

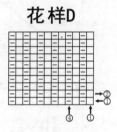

蕾丝边连帽毛衣

【成品规格】衣长35cm，胸宽30cm，袖长38cm
【工　　具】10号棒针
【编织密度】21针×32行=10cm²
【材　　料】墨绿色腈纶毛线600g

前片/后片/袖片制作说明

1.棒针编织法，由前片和后片各1片、袖片2片和帽片1片组成。

2.前片的编织。用10号针，一片编织而成。下针起针法，起62针，起织花样A，不加减针，编织22行的高度。下一行起，依照结构图所示分配花样B与花样C，不加减针，织50行后。至袖窿减针，两侧同时收针2针，然后4-2-1，6-2-4，两侧减少12针，当织成袖窿算起24行的高度后，下一行中间收针14针，分成两半各自编织。领

边减针，2-1-6，不加减再织4行后，至肩部，余下6针，收针断线。

3.后片的编织。后片袖窿以下的编织与前片完全相同，但后片无花样分配。织完花样A后，全织上针，袖窿起两侧减针与前片相同，当织成袖窿算起36行后，下一行中间收针22针，两侧减针，2-1-2，至肩部余下6针，收针断线。

4.袖片的编织。下针起针法，起32针，起织花样A，不加减针，编织22行的高度后，下一行起全织上针，两侧加针，8-1-8，再织6行后，至袖山减针，两侧收针2针，然后4-2-1，6-2-4，各减少12针，织成18行，余下24针，收针断线。相同的方法去编织另一只袖片。再将袖片与衣身的袖窿线对应缝合。

5.帽片的编织。沿着前后衣领边，挑针66针，起织上针，不加减针，织58行的高度后，在中间2针上进行减针，2-1-6，共减少12针，再以中间对折，将两边余下的27针，拼合缝合。再沿着帽前沿，挑针起织下针，不加减针，织8行后，折回帽内缝合。形成管道。穿入带子。衣服完成。

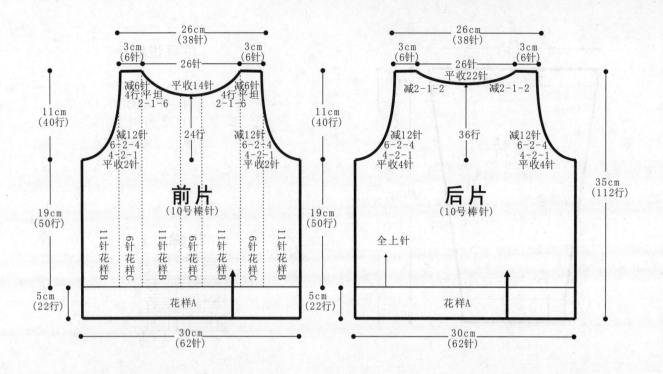

前片
(10号棒针)

26cm
(38针)
3cm
(6针)
3cm
(6针)
26针
平收14针
减6针
4行平坦
2-1-6
减6针
4行平坦
2-1-6
11cm
(40行)
24行
减12针
6-2-4
4-2-1
平收2针
减12针
6-2-4
4-2-1
平收2针
11cm
(40行)
19cm
(50行)
19cm
(50行)
11针花样B
6针花样C
11针花样B
6针花样C
11针花样B
6针花样C
11针花样B
花样A
5cm
(22行)
5cm
(22行)
30cm
(62针)

后片
(10号棒针)

26cm
(38针)
3cm
(6针)
3cm
(6针)
26针
平收22针
减2-1-2
减2-1-2
36行
减12针
6-2-4
4-2-1
平收4针
减12针
6-2-4
4-2-1
平收4针
全上针
花样A
35cm
(112行)
30cm
(62针)

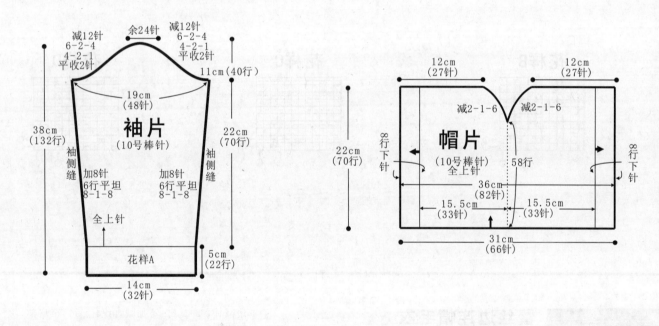

袖片
(10号棒针)

减12针
6-2-4
4-2-1
平收2针
余24针
减12针
6-2-4
4-2-1
平收2针
11cm(40行)
19cm
(48针)
38cm
(132行)
22cm
(70行)
袖侧缝
袖侧缝
加8针
6行平坦
8-1-8
加8针
6行平坦
8-1-8
全上针
花样A
5cm
(22行)
14cm
(32针)
22cm
(70行)

帽片
(10号棒针
全上针)

12cm
(27针)
12cm
(27针)
减2-1-6
减2-1-6
8行下针
8行下针
58行
36cm
(82针)
15.5cm
(33针)
15.5cm
(33针)
31cm
(66针)

花样C

花样A

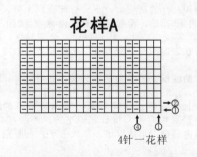

4针一花样

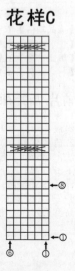

花样B

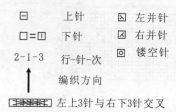

符号说明：

□ 上针　　　☒ 左并针

□=□ 下针　　☒ 右并针

2-1-3 行-针-次　　◨ 镂空针

↑ 编织方向

🔲🔲🔲🔲 左上3针与右下3针交叉

创意款披肩

【成品规格】衣长32cm，胸宽38cm

【工　　具】10号棒针

【编织密度】37.8针×40行=10cm²

【材　　料】粉红色绒毛线200g

披肩制作说明

1.棒针编织法。整件衣服由花样A组成，从下往上编织，由后片连接前片组成。

2.从后片起织，下针起针法，起144针，起织花样A，不加减针，编织128行的高度。将织片一分为二，分成两半，各自编织。每一片的针数为72针，继续编织花样A，不加减针，再织128行的高度后，收针断线，相同的方法去编织另一边。

3.将织好的衣片对折，按标记ab处和ab处缝合，cd处和cd处缝合，然后将衣角向内翻折固定。整件披肩完成。

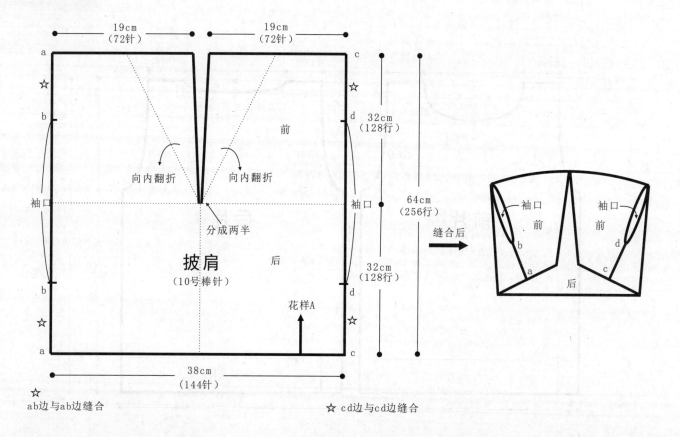

☆ ab边与ab边缝合

☆ cd边与cd边缝合

花样A

符号说明：

⊟　上针

□=⊟　下针

2-1-3　行-针-次

↑　编织方向

卡通套头衫

【成品规格】衣长40cm，半胸围31cm，肩24cm，
　　　　　　袖长35cm

【工　　具】11号棒针

【编织密度】24针×30行=10cm²

【材　　料】灰色羊绒线400g，红色，紫色，白
　　　　　　色棉线各少量

前片/后片制作说明

1.棒针编织法，衣身分为前片和后片分别编织。

2.起织后片，双罗纹针起针法起74针，织花样A，织16行
后，改织花样B，织至76行，两侧减针织成袖窿，方法
为1-4-1，2-1-4，织至117行，中间平收18针，两侧减
针织成后领，方法为2-1-2，织至120行，两侧肩部各余
下18针，收针断线。

4.前片的编织方法与后片相同，织至106行，第107行中间
收8针，两侧减针织成前领，方法为2-1-7，织至120行，
侧肩部各余下18针，收针断线。

5.将前片与后片的两侧缝缝合，两肩部对应缝合。

6.前片织片中间十字绣方式绣图案a。

领片制作说明

棒针编织法，沿前后领口挑起56针织花样A，织10行后，双
纹针收针法，收针断线。

袖片制作说明

1.棒针编织法，编织两片袖片。从袖口往上编织。

2.双罗纹针起针法，起54针织花样A，织16行后改织花样B，
两侧按8-1-7的方法加针，织至76行，织片变成68针，两
减针编织袖山，方法为1-4-1，2-1-15，织至106行，织片
下30针，收针断线。

3.同样的方法再编织另一袖片。

4.缝合方法：将袖山对应前片与后片的袖窿线，用线缝合
再将两袖侧缝对应缝合。

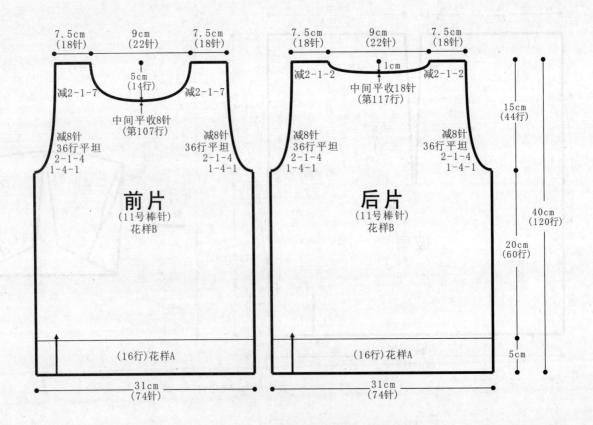

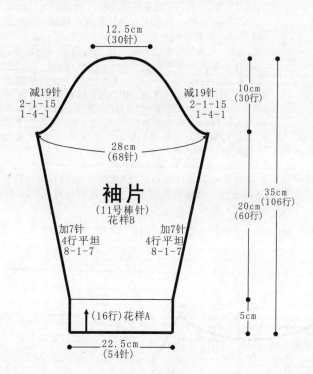

12.5cm
(30针)

减19针
2-1-15
1-4-1

减19针
2-1-15
1-4-1

10cm
(30行)

35cm
(106行)

28cm
(68针)

袖片
(11号棒针)
花样B

20cm
(60行)

加7针
4行平坦
8-1-7

加7针
4行平坦
8-1-7

(16行)花样A

5cm

22.5cm
(54针)

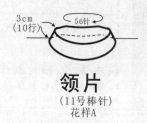

3cm
(10行)

56针

领片
(11号棒针)
花样A

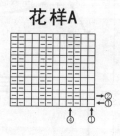

花样A

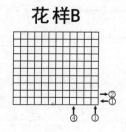

花样B

图案a

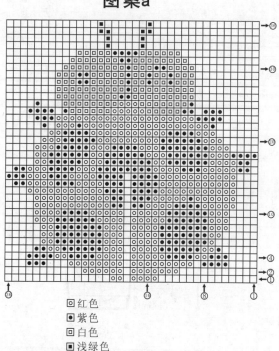

符号说明：

□ 上针

□=□ 下针

2-1-3 行-针-次

编织方向

□ 红色
■ 紫色
□ 白色
■ 浅绿色

147

活力女孩装

【成品规格】衣长38cm，胸宽24cm，袖长31.5cm
【工　　具】13号棒针、环形针、5号钩针
【编织密度】40针×46行=10cm²
【材　　料】黄色羊毛线780g

前片/后片/袖片制作说明

1.棒针编织法，袖窿以下环织而成，袖窿以上分成前片，后片各自编织，袖片、领片单独编织。

2.袖窿以下的编织。单罗纹起针法，起192针，起织花样A，织14行。下一行起，全部织下针。不加减针，编织100行的高度至袖窿减针。

3.袖窿以上的编织。分成前片和后片。

(1)前片的编织。前片96针，袖窿减针，平收6针，然后减针，2-1-7，不加减针织16行，共减13针，织成袖窿舞起14行的高度时，中间平收54针不织，两边相反方向减针，减2-1-8，收针断线。

(2)后片的编织。后片96针，方法与前片完全相同。

4.袖片的编织。单罗纹起针法，从袖口起织，起62针，编织花样B，织14行，下一行起，编织下针，在两袖侧缝上进行加针，加14-1-10，织成140行，至袖山减针，两侧同时减6针，2-1-15，每侧各减少21针，余下40针，收针断线，相同的方法再编织另一边袖片。

5.领片的编织。下针起31针，编织花样C，用引退针编织法来回编织，10针2行一来回。织256行，领边一侧不变化，织154行，完成后收针断线。

6.拼接，将前后片与袖片对应缝合。将领片拼接缝合后再与身片缝合。沿前领在身片与领片连接处钩织花D，完成后收针断线。衣服完成。

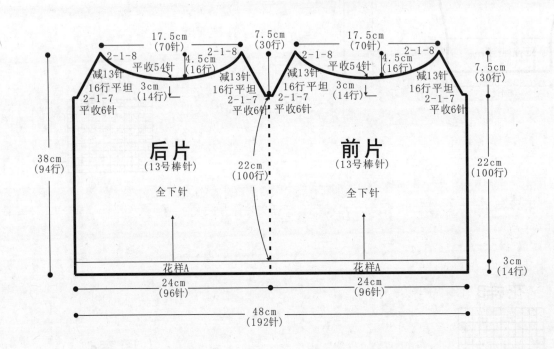

17.5cm (70针)　7.5cm (30行)　17.5cm (70针)
2-1-8　平收54针　2-1-8　7.5cm (30行)
减13针　4.5cm (16行)　减13针
16行平坦　3cm (14行)　16行平坦
2-1-7　2-1-7　2-1-7　2-1-7
平收6针　平收6针　平收6针　平收6针

后片 (13号棒针)　22cm (100行)　前片 (13号棒针)

全下针　全下针

38cm (94行)　22cm (100行)

花样A　花样A　3cm (14行)

24cm (96针)　24cm (96针)

48cm (192针)

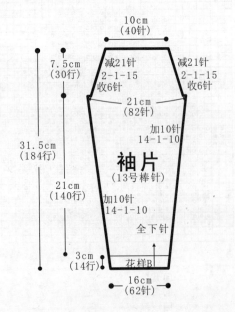

10cm (40针)

7.5cm (30行)　减21针　减21针
2-1-15　2-1-15
收6针　收6针

21cm (82针)

加10针 14-1-10

袖片 (13号棒针)

31.5cm (184行)

21cm (140行)　加10针 14-1-10

全下针

3cm (14行)　花样B

16cm (62针)

符号说明：

□	上针	✕	左上2针交叉
□=□	下针	✕	右上2针交叉
2-1-3	行-针-次	⌐○⌐	
↑	编织方向		
		○	锁针
		+	短针
		┬	长针

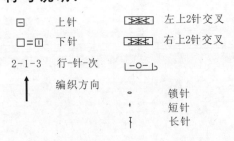

花样A

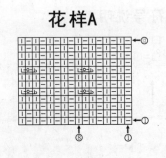

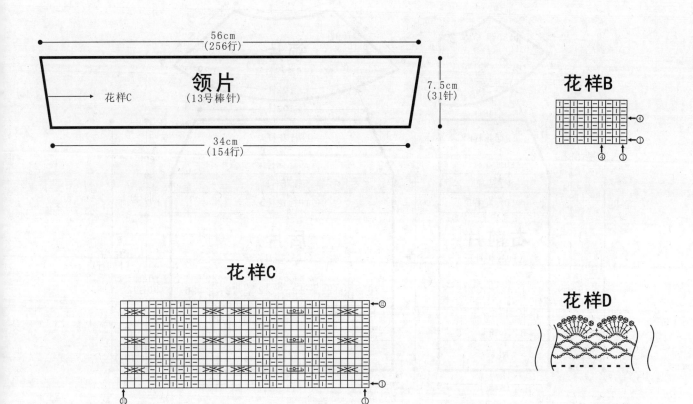

56cm
(256行)

领片
花样C
(13号棒针)

7.5cm
(31针)

34cm
(154行)

花样B

花样C

花样D

实用段染外套

【成品规格】衣长41cm, 胸宽36cm, 肩宽30cm
【工　　具】10号棒针
【编织密度】36.7针×39行=10cm²
【材　　料】花色丝光棉线400g, 白色线若干, 扣子7枚

下摆前片/下摆后片/肩片制作说明

1.棒针编织法, 由前片2片、后片1片、袖片2片组成。从下往上织起。

2.前片的编织。由右前片和左前片组成, 以右前片为例。

(1) 起针, 单罗纹起针法, 用花色线起64针, 编织花样A, 起织18行后, 将64针从左至右分花样编织: 12针下针, 6针花样B, 12针下针, 6针花样B, 12针下针, 8针花样C, 8针下针。不加减针, 织90行的高度后, 下一行起, 编织10行花样D, 不加减针, 再编织8行花样E至袖窿。袖窿左侧起减针, 2-1-15, 同时开始编织10行花样D后, 再编织18行花样F。至肩部, 余下49针, 以此49针为肩片基础, 往左再加21针共有70针, 开始编织花样G, 同时左侧进行肩袖山减针, 6-10-5, 编织30行, 右侧不加减针, 继续编织, 至领口处, 余下20针, 收针断线。

(2)相同的方法, 相反的方向去编织左前片。

3.后片的编织。起针, 单罗纹起针法, 用花色线起132针, 编织花样A, 起织18行后, 将132针从左至右分

花样编织: 26针下针, 6针花样B, 12针下针, 6针花样B, 12针下针, 8针花样C, 12针下针。6针花样B, 12针下针, 6针花样B, 26针下针。不加减针, 织90行的高度后, 下一行起, 编织10行花样D, 不加减针, 再编织8行花样E至袖窿。袖窿两侧起减针, 2-1-15, 同时开始编织10行花样D后, 再编织18行花样F。至肩部, 余下102针, 以此102针为肩片基础, 往左往右再加20针共有142针, 开始编织花样G, 同时左右两侧进行肩袖山减针, 6-10-5, 编织30行, 至领口处, 余下42针, 收针断线。

4.袖片的编织。袖片从袖口起织, 单罗纹起针法, 用花色线起50针, 编织花样A, 不加减针, 往上织16行的高度后, 下一行开始编织袖身, 全部下针编织, 两边侧缝加针, 8-1-10, 10行平坦, 同时换成白色线, 织7行后, 再换成花色线编织5行后, 之后继续重复进行同样的交替配色编织。编织90行至袖窿。并进行袖山减针, 两边各2-1-15, 织成28行, 余下40针, 收针断线。相同的方法去编织另一袖片。

5.拼接, 将前片的侧缝与后片的侧缝对应缝合, 将前后片的肩部对应缝合;再将两袖片的肩袖山边线与衣身的肩袖窿加针边对应缝合。

6.领片的编织。沿着左前片和右前片的衣领边各挑出20针, 后片衣领处挑出42针, 共82针, 编织单罗纹针, 不加减针织8行。收针断线。

7.前片门襟的编织, 沿着右前片的右侧边挑出150针, 下针编织, 不加减针, 同时均匀留出7个扣眼, 编织6行, 收针断线。沿着左前片的左侧边挑出150针, 下针编织, 不加减针, 编织6行, 收针断线。扣眼对应处钉上纽扣。衣服完成。

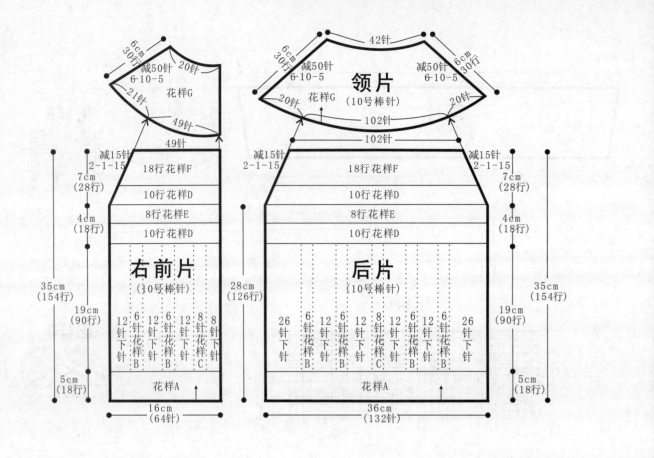

領片
(10号棒针)

右前片
(10号棒针)

后片
(10号棒针)

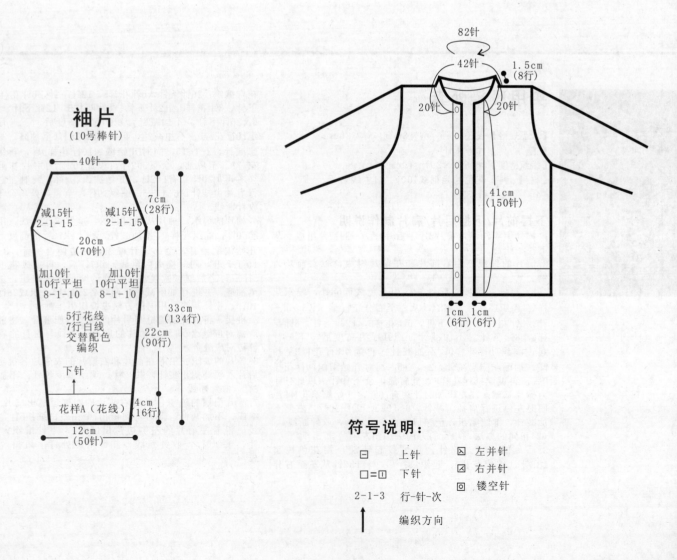

袖片
(10号棒针)

符号说明：

☐ 上针   ☒ 左并针

☐=☐ 下针   ☒ 右并针

2-1-3 行-针-次 ◉ 镂空针

↑ 编织方向

150

花样A

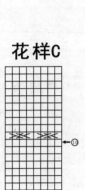
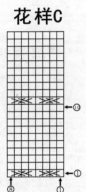

花样B

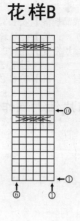

花样C

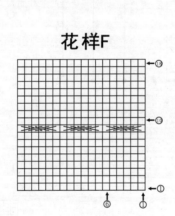

花样D

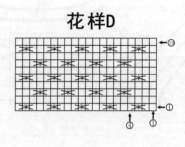

花样F

花样G

花样E

3针一花样

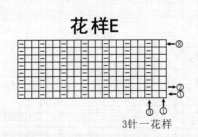

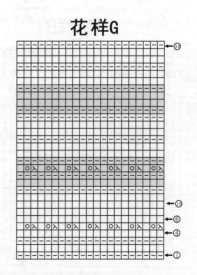

151

粉红淑女裙

【成品规格】衣长38cm，半胸围26.5cm
【工　　具】13号棒针，1.25mm钩针
【编织密度】花样B：34针×33行=10cm²
　　　　　　花样A/C：28针×33行=10cm²
【材　　料】粉红色棉线350g

前片/后片制作说明

1.棒针编织法，衣身分为上身片和下摆片，一片环形编织而成。

2.起织，下针起针法起180针环形编织，织花样A，织6行后改织花样B，织至90行，下摆片编织完成。

3.将下摆片的针数分成前后两片，两侧各平收8针，先织后片时两侧各平收4针，余下针数编织上身片，先织后82针，然后加起46针，再织前片82针，再加起46针，环形织，织花样C，不加减针织26行后，按花样C所示方法减针织至126行的总高度，织片余下128针，收针断线。

4.钩织衣领，沿领口钩织花样D，共钩4行后，断线。

5.钩织两侧袖口，沿袖窿钩织花样D，共钩4行后，断线。

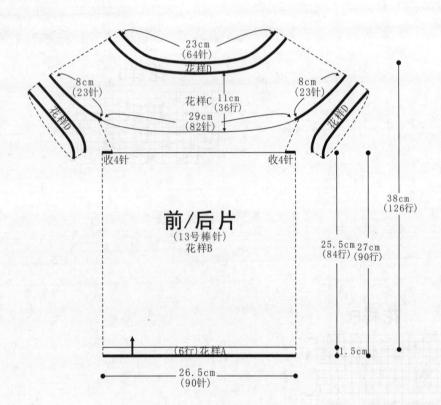

符号说明：

符号	说明
⊟	上针
□=⊡	下针
🔲	3针的结编织
◎	镂空针
⊞	左加针
⊞	右加针
2-1-3	行-针-次
⋋	左上2针并1针
⋌	右上2针并1针
⋋	左上2针并1针(上针时)
+	短针
┃	长针
∞	锁针
↑	编织方向

花样B

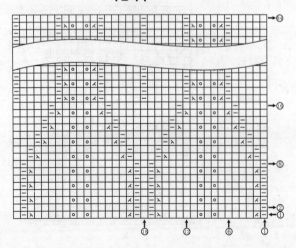

花样C

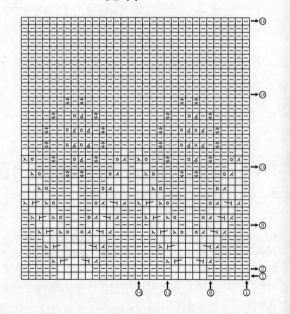

花样A

花样D
（袖边，衣领边花样图解）

百搭深色外套

【成品规格】衣长45cm，胸宽36cm。袖长40cm
【工　　具】9号棒针
【编织密度】17针×18行＝10cm²
【材　　料】蓝色羊毛线300g，棕色80g，白色
　　　　　　少许，扣子5枚

前片/后片/领片/袖片制作说明

1.棒针编织法，从下往上编织，分成左前片、右前片、后片各自编织，再编织袖片。配色线编织。

2.前片的编织，分成左前片和右前片。以左前片为例。

（1）下针起针法，用蓝色线，起24针，起织花样A，不加减针，编织10行的高度。

（2）下一行起，将织片分成两部分，之间的开口作袋口。内侧部分8针，外侧部分16针，各自编织，蓝色线，编织12行下针后，改用配色编织6行花样B，再配色编织3行花样C。完成两片的编织。下一行起，将所有的针数作为一片进行编织，全用蓝色线编织，全织下针，共织10行，然后再编织6行花样B，最后编织4行花样D后，至袖窿，此时共织成51行的织片。

（3）袖窿以上的编织。继续编织花样D，右侧袖窿减针，每织2行减1针，减6次。织成12行，再织3行后，下

一行起，改织花样B，共6行，而后用蓝色线，再织4行后，进入前衣领减针，先收针4针，每织2行减2针，减3次，织成6行，至肩部，余下8针，收针断线。

（4）相同的方法去编织右前片。

3.后片的编织。下针起针法，用蓝色线，起44针，起织花样A，不加减针，编织10行的高度后，全织下针，不加减针，编织41行的高度后，至袖窿，两边减针，每织2行减1针，减6次，织成12行，再编织16行后，进行后衣领减针，下一行的中间收针12针，两边相反方向减针，每织2行减1针，减2次，两边肩部各余下8针，收针断线。

4.袖片的编织。从袖口起织，下针起针法，用蓝色线，起26针，起织花样A，不加减针，编织10行的高度。下一行起，依照结构图所分配的花样和行数进行配色编织，两袖侧缝进行加针，每织8行加1针，加5次，织成40行，至袖窿，下一行起袖山减针，两边同时收针，每织2行减1针，减13次，余下10针，收针断线。相同的方法去编织另一袖片。

5.缝合。将前后片的侧缝对应缝合，将前后片的肩部对应缝合。将两袖片的袖窿线与衣身袖窿线对应缝合。再将袖侧缝进行缝合。

6.衣襟和领片的编织。先编织领片，沿着前后衣领边，挑出52针，起织花样E，不加减针，编织14行的高度后，收针断线。再分别沿着衣襟边和领片侧边，挑出63针，编织花样A，不加减针，编织10行的高度后，收针断线。右衣襟制作5个扣眼。对侧衣襟钉上5枚扣子。衣服完成。

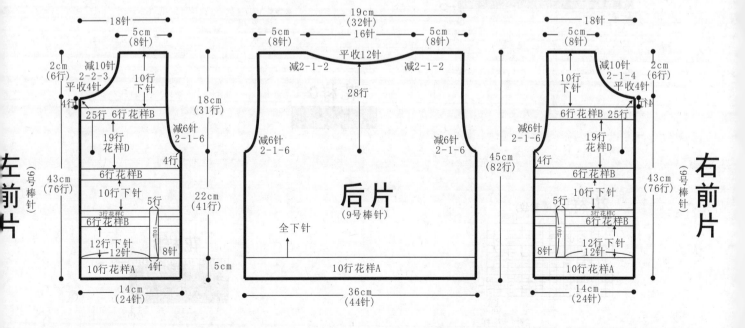

袖片
(9号棒针)

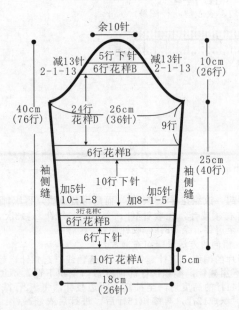

余10针

减13针 5行下针 减13针
2-1-13 6行花样B 2-1-13

10cm
(26行)

40cm
(76行)

24行 26cm
花样D (36针)

9行

6行花样B

25cm
(40行)

袖侧缝 加5针 10行下针 加5针 袖侧缝
10-1-8 加8-1-5

3行花样C

6行花样B

6行下针

10行花样A 5cm

18cm
(26针)

领片
(10号棒针)
花样E

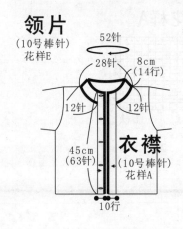

52针

28针 8cm
(14行)

12针 12针

45cm 衣襟
(63针) (10号棒针)
花样A

10行

符号说明：

☐ 上针

□=□ 下针

2-1-3 行-针-次

↑ 编织方向

花样D

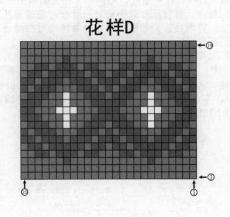

花样A

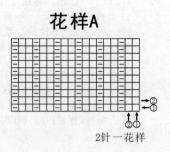

2针一花样

花样C

花样E (单罗纹)

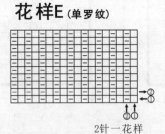

2针一花样

花样B

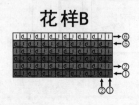

可爱卡通外套

【成品规格】衣长34cm，半胸围32cm，肩宽
　　　　　25.5cm，袖长25cm
【工　　具】13号棒针
【编织密度】30针×38行=10cm²
【材　　料】粉红色棉线300g，白色棉线50g

前片/后片制作说明
1.棒针编织法，衣身起分为左前片、右前片、后片来编织。
2.起织后片，单罗纹针起针法，白色线起96针织花样A，织12行后，改织花样B图案a，织至72行，两侧开始袖窿减针，方法为1-4-1，2-1-6，织至127行，中间留起40针不织，两侧减针，方法为2-1-2，织至130行，两肩部各余下16针，收针断线。
3.起织左前片，单罗纹针起针法，白色线起42针织花样A，织12行后，改为粉红色线织花样B，织至72行，左开始袖窿减针，方法为1-4-1，2-1-6，织至101行，右侧前领减针，方法为1-6-1，2-2-3，2-1-4，织至130行，肩部余下16针，收针断线。
4.同样的方法相反方向编织右前片。将左右前片与后片

的两肩部对应缝合。
5.再钩织左右口袋，详细钩织方法如花样C。完成后缝合于左右前片图示位置。

领片/衣襟制作说明
1.棒针编织法，一片编织完成。
2.先编织衣襟，沿左右前片衣襟侧分别挑针起织，挑起78针编织花样A，织8行后，收针断线。注意在左侧衣襟均匀制作4个扣眼，方法是在一行收针2针，在下一行重起这2针，形成1个扣眼。
3.挑织衣领，衣领是在衣襟编织完成后挑针起织，挑起100针编织花样A，织8行后，收针断线。

袖片制作说明
1.棒针编织法，编织两片袖片。从袖口起织。
2.白色线起58针，织花样A，织12行后，改为粉红色线织花样B，两侧一边织一边加针，方法为6-1-10，两侧的针数各增加10针，织至72行。接着减针编织袖山，两侧同时减针，方法为1-4-1，2-2-11，两侧各减少26针，织至94行，织片余下26针，收针断线。
3.同样的方法再编织另一袖片。
4.缝合方法:将袖山对应前片与后片的袖窿线，用线缝合，再将两袖侧缝对应缝合。

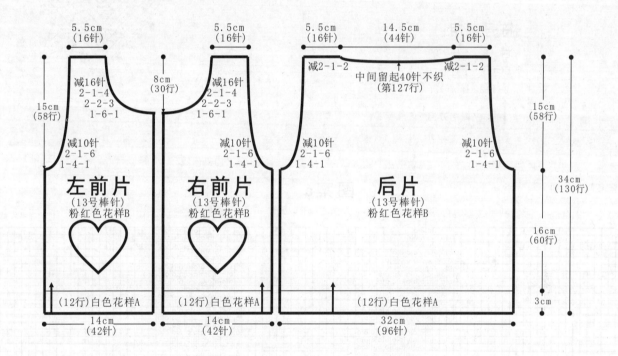

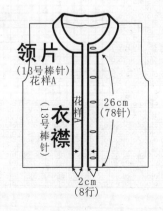

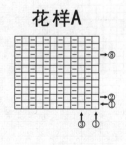

花样A

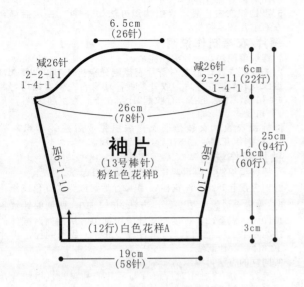

6.5cm
(26针)

减26针
2-2-11
1-4-1

减26针
2-2-11
1-4-1

6cm
(22行)

26cm
(78针)

25cm
(94行)

袖片
(13号棒针)
粉红色花样B

16cm
(60行)

加6-1-10

加6-1-10

(12行)白色花样A

3cm

19cm
(58针)

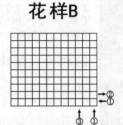

花样B

②
①

③ ①

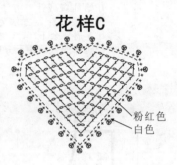

花样C

粉红色
白色

符号说明：

□   上针

□=□ 下针

2-1-3 行-针-次

↑   编织方向

□蓝色线

⊡浅蓝色线

⊠白色线

图案a

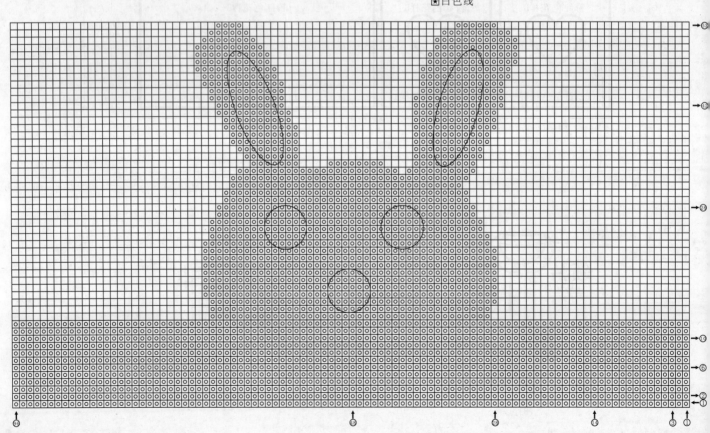

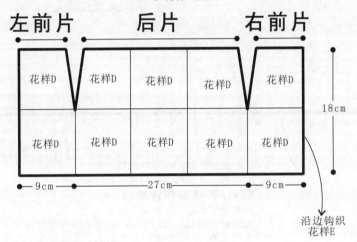

精致两件套

【成品规格】衣长34cm，胸宽34cm，肩宽18cm
【工　　具】10号棒针，1.75mm钩针
【编织密度】45针×66行=10cm²
【材　　料】蓝色丝光棉线400g

前片/后片/小背心制作说明

1.棒针编织法，由前片1片、后片1片、组成。从下往上织起。用1.75mm钩针钩织小背心。
2.前片的编织。一片织成。平针起针法，起154针，起织花样A(7组)，不加减针，织成132行，至袖窿。袖窿

起减针，两侧同时收针4针，然后2-1-6，同时在织成袖窿12行时(此时共有12层花样A)，分散收针60针留94针，编织花样B，起织20行后，中间开始领边收针，平收38针，织48行后，至肩部，两边各余18针，收针断线。
3.后片的编织。与前片的编织方法相同。
4.拼接，将前片的侧缝与后片的侧缝和肩部对应缝合。
5.用1.75mm钩针钩织花样C，将前后片的领边，袖边分别进行钩织。钩织完毕，衣服完成。
6.小背心的钩织，按照花样D钩织一块边长为9cm的正方形单片，共钩织10个。然后按结构图样进行拼接，拼接完毕，收针断线。小背心完成。

小背心

10个 花样D组成

左前片	后片			右前片
花样D	花样D	花样D	花样D	花样D
花样D	花样D	花样D	花样D	花样D

9cm　　27cm　　9cm

18cm

沿边钩织 花样E

符号说明：

□　上针　　　⊠　左并针
□=回　下针　　⊠　右并针
2-1-3　行-针-次　　回　镂空针
↑　编织方向

花样C

(衣领花边图解)

花样E

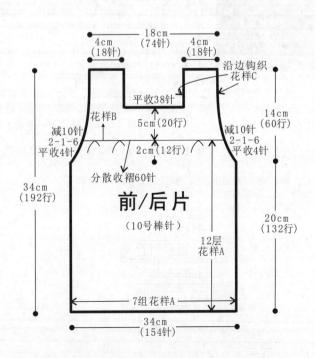

18cm
(74针)
4cm　　　4cm
(18针)　(18针)

沿边钩织 花样C

平收38针

花样B

5cm(20行)

14cm
(60行)

减10针
2-1-6
平收4针

减10针
2-1-6
平收4针

2cm(12行)

34cm
(192行)

分散收褶60针

前/后片

(10号棒针)

20cm
(132行)

12层
花样A

7组花样A

34cm
(154针)

花样A

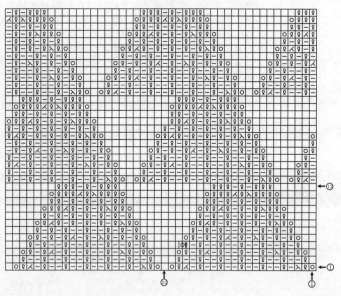

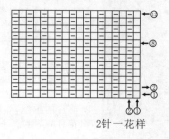
花样D

休闲粉色开衫

【成品规格】衣长34cm，半胸围34cm，肩连袖长36cm
【工　　具】12号棒针
【编织密度】25针×42行=10cm²
【材　　料】粉红色棉线共350g，纽扣5枚

前片/后片制作说明

1.棒针编织法，袖窿以下一片编织，袖窿以上分为左前片、右前片和后片，分别编织，完成后与袖片缝合而成。

2.起织，下针起针法起163针织花样A，织8行后改织花样B，织至92行，第93行起将织片分片，左右前片各取39针，后片取85针，先织后片。

3.分配后片85针到棒针上，起织时两侧各平收5针，然后插肩减针，方法为2-1-25，织至142行，织片余下25针，用防解别针扣起，留待编织衣领。

4.分配左前片39针到棒针上，起织时左侧平收5针，然后插肩减针，方法为2-1-25，织至134行，第135行右侧

减针织成前领，方法为2-2-4，织至142行，织片余下1针用防解别针扣起，留待编织衣领。

5.相同的方法相反方向编织右前片。

领片/衣襟制作说明

1.棒针编织法，一片编织完成。

2.先编织衣襟，沿左右前片衣襟侧分别挑针起织，挑起80编织花样A，织8行后，收针断线。注意在左侧衣襟均匀制4个扣眼，方法是在一行收起2针，在下一行重起这2针，形1个扣眼。

3.挑织衣领，衣领是在衣襟编织完成后挑针起织，挑起79编织花样A，织8行后，收针断线。

袖片制作说明

1.棒针编织法，编织两片袖片。从袖口起织。

2.下针起针法，起51针圈织，织花样A，织8行后改织花样B选取1针作为袖底缝，两侧一边织一边加针，方法为8-1 11，织至102行，袖底缝两侧各平收5针，接着两侧减针编插肩袖山。方法为2-1-25，织至152行，织片余下13针，收针断线。

3.同样的方法编织另一袖片。

4.将两袖插肩缝对应前后身片插肩缝缝合。

花样A

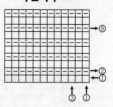

符号说明：

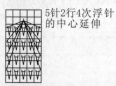

□　　上针

□=□　　下针

5针2行4次浮针的中心延伸

2-1-3　行-针-次

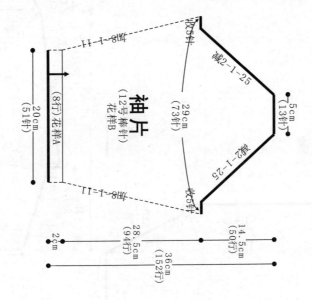

袖片
（12号棒针）
花样B

29cm
(73针)

5cm
(13针)

减2-1-25
减2-1-25

收5针
收5针

11-1-8号
11-1-8号

20cm
(51针)

(8行)花样A

2cm

28.5cm
(94行)

14.5cm
(50行)

36cm
(152行)

2cm

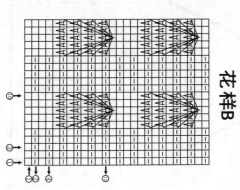

花样B

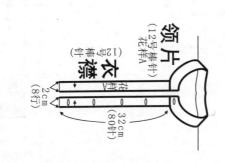

领片
（12号棒针）
花样A

衣襟
（12号棒针）
花样A

32cm
(80针)

2cm
(8行)

2cm
(8行)

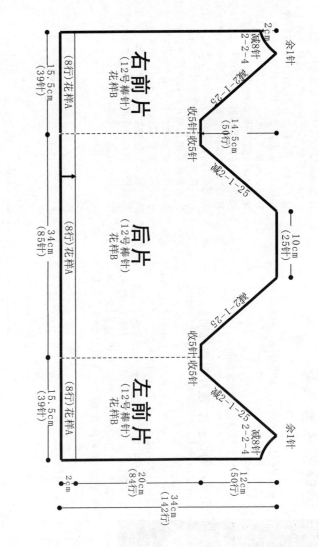

右前片
（12号棒针）
花样B

后片
（12号棒针）
花样B

左前片
（12号棒针）
花样B

余1针
余1针

2cm
减8针
2-2-4
减2-1-25

收5针
收5针

减2-1-25
收5针
收5针

减2-1-25
2-2-4
减8针

余1针
余1针

14.5cm
(50行)

10cm
(25针)

15.5cm
(39针)

(8行)花样A

34cm
(85针)

(8行)花样A

15.5cm
(39针)

(8行)花样A

2cm

20cm
(84针)

34cm
(142行)

12cm
(50行)

2cm

159

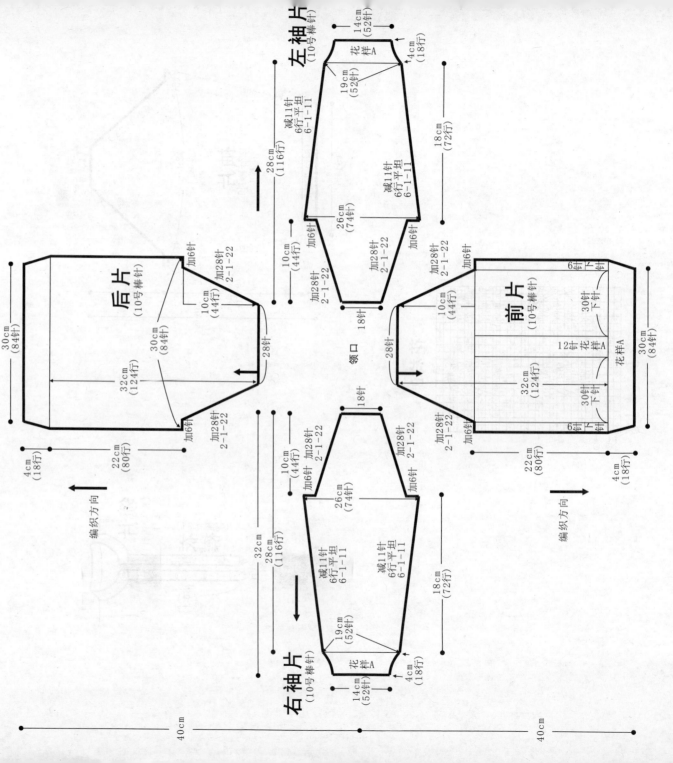

温暖粉色套头衫

【成品规格】衣长38cm，胸宽30cm。袖长32cm。

【工　具】10号棒针

【编织密度】28针×38.8行=10cm²

【材　料】淡粉色兔毛线300g

前片/后片/袖片/领片制作说明

1. 棒针编织法。由前片1片、后片1片、袖片2片、领片2片组成。从领口起织，从上往下编织。

领口起织，单罗纹起针法，起92针，起织花样A单罗纹针，不加减针，编织10行的高度。

分配针数，将纵分配成前28针、后28针，两袖片各18针，在每个织片之间，相邻的1针作插肩缝，每织2行加针，一圈加针，即一圈内各加1针，一圈加出8针，共加22次，将每条插肩缝两侧各加1针，将针数加成316针。此前分片编织。前片和后片、由28针加针织成8针……此前衣服全织下针。

(2) 袖隆以下分片编织。前片加针织成74针，由28针加针织成8针……前后片的84针连接起来作……针，袖片由18针加针织成74针。从前片加针，先编织前后片，加出前面6针，织完后面6针，共12针，再用单起针法……连接上后片的84针继续编织，织完后，再与前片起织处连接。这样，一圈起……192针，继续编织，再与前片起织处连接。依照结构图分配花样A单罗纹针，袖隆起加减针，再织80行，下一行改织花样A单罗纹针，不加……针，再织18行后，收针断线，完成衣身的编织。

3. 袖片的编织。袖片同样在腋下位置加针，加出12针，针……共74针起织袖身，袖片织成74针作减针，在这2针……上，不加减针，织成72行的袖身，下一行起，改织花样A单罗纹……次，织成72行的袖身，织成18行的高度后，收针断线。相同的方法去编织另一袖片。衣服完成。

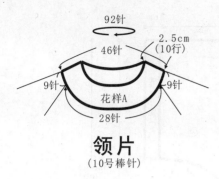

92针

46针　　2.5cm
　　　　　(10行)

9针　　　　　9针

花样A

28针

领 片
（10号棒针）

花样B

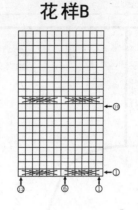

⑩

①

⑫　　⑥　　①

花样C

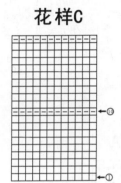

⑩

①

符号说明：

□　　　上针

□=□　　下针

2-1-3　行-针-次

↑　　　编织方向

▱▱▱▱▱　3针相交叉

花样A（单罗纹）

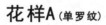
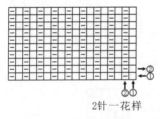

②
①

②①

2针一花样

橘色蝙蝠衫

【成品规格】衣长35.5cm，半胸围29cm，肩宽29cm
【工　　具】12号棒针
【编织密度】29针×38行=10cm²
【材　　料】浅橙色棉线350g

前片/后片制作说明

1.棒针编织法，衣身分为前片、后片来编织。
2.起织后片，单罗纹针起针法，起84针织花样A，织40行

后，改织花样B，一边织一边两侧加针，方法为1-1-31，织至71行，织片变成146针，不加减针往上织至120行，第121行将织片中间平收30针，两侧减针织成衣领，方法为2-1-6，织至136行，两侧肩部连衣袖各余下52针，收针断线。
3.同样的方法编织前片。
4.将前片与后片的两侧缝缝合，两肩部对应缝合。
5.沿两侧袖口分别挑针起织袖边，挑起92针织花样C，织8行后，下针收针法收针断线。

领片制作说明

沿领口挑针起织，挑起120针织花样A，织40行后，单罗纹针收针法，收针断线。

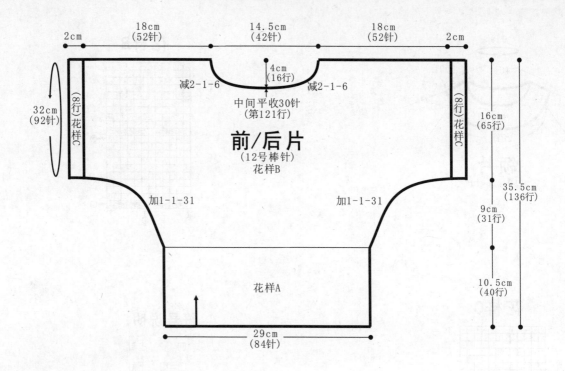

2cm　18cm
(52针)　14.5cm
(42针)　18cm
(52针)　2cm

减2-1-6　4cm
(16行)　减2-1-6

中间平收30针
(第121行)

前/后片
(12号棒针)
花样B

32cm
(92针)

(8行)花样C　(8行)花样C

16cm
(65行)

35.5cm
(136行)

加1-1-31　加1-1-31

9cm
(31行)

花样A

10.5cm
(40行)

29cm
(84针)

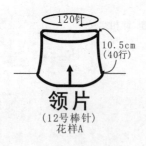

120针

10.5cm
(40行)

领片
(12号棒针)
花样A

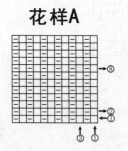

花样A

⑧
②①
③①

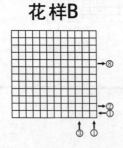

花样B

⑧
②①
③①

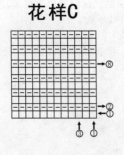

花样C

⑧
②①
③①

符号说明：

□　上针

□=□　下针

2-1-3　行-针-次

↑　编织方向

波浪纹娃娃裙

【成品规格】衣长38.5cm，胸宽28cm
【工　　具】10号棒针
【编织密度】裙片密度：31.5针×28.7行=10cm²
　　　　　　　上身密度：38.3针×50行=10cm²
【材　　料】玫红色棉线100g，淡粉色棉线200g

前片/后片/袖片制作说明

1.棒针编织法，由前片1片、后片1片、从下往上织起。
2.前片的编织。起针，下针起针法，起126针，起织花样A，用玫红色线编织，不加减针，织6行，下一行改用淡粉色线编织，起织花样B，共分配成7组花样B，每层花样B织4行，第二层改用玫红色线编织一层，共4行，重复淡粉色线与玫红色线的交替配色编织，织成15行花a，其间，两侧缝上进行减针，6-1-9，不加减针，再织9行，在最后一行里，分散收针减少20针，并在下一行改

织花样C，先用玫红色线编织8行花样C双罗纹针，此时行数至袖窿。袖窿起减针，并改用淡粉色线编织。两侧同时收针6针，然后2-1-4，当织成袖窿算起40行时，中间收针12针，两边进行领边减针，2-1-12，至肩部，余下12针，收针断线。
3.后片的编织。袖窿以下织法与前片完全相同，袖窿起减针，方法与前片相同。当袖窿以上织成50行时，下一行中间收针26针，两边减针，2-1-5，至肩部余下12针，收针断线。
4.拼接，将前片的侧缝与后片的侧缝和肩部对应缝合。
5.领边的编织，用玫红色线，沿着前后领边，挑针钩织花样D花边。
6.袖片的编织，单独编织，用玫红色线，起96针，首尾连接，环织，起织下针，不加减针，织8行，完成后收针断线。将首尾两行包住衣身袖窿边进行缝合。相同的方法制作另一边袖片。
7.胸前织块的编织，中间织块，用淡粉色线，起织花样E，起10针，织30行，完成后，用玫红色线，围绕三边进行挑针编织，织4行后收针断线。将织片缝合于前片衣领下边。衣服完成。

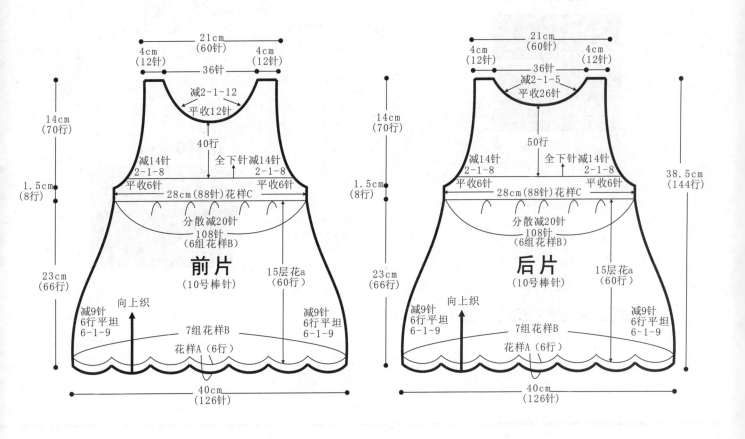

前片
（10号棒针）

21cm（60针）
4cm（12针）　　4cm（12针）
36针
减2-1-12
平收12针
40行
减14针 2-1-8　全下针减14针 2-1-8
平收6针　　　平收6针
28cm（88针）花样C
分散减20针
108针（6组花样B）
14cm（70行）
1.5cm（8行）
23cm（66行）
15层花a（60行）
向上织
减9针 6行平坦 6-1-9　　减9针 6行平坦 6-1-9
7组花样B
花样A（6行）
40cm（126针）

后片
（10号棒针）

21cm（60针）
4cm（12针）　　4cm（12针）
36针
减2-1-5
平收26针
50行
减14针 2-1-8　全下针减14针 2-1-8
平收6针　　　平收6针
28cm（88针）花样C
分散减20针
108针（6组花样B）
14cm（70行）
1.5cm（8行）
23cm（66行）
38.5cm（144行）
15层花a（60行）
向上织
减9针 6行平坦 6-1-9　　减9针 6行平坦 6-1-9
7组花样B
花样A（6行）
40cm（126针）

领边

（1.75mm钩针）

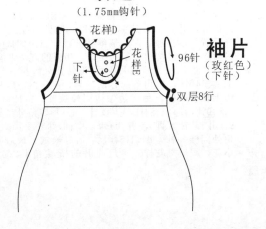

花样D
花样E
下针
下针

袖片
（玫红色）
（下针）
96针
双层8行

符号说明：

□　上针　　　　　▨　左并针
□=□　下针　　　▨　右并针
　　　　　　　　　▣　镂空针
2-1-38　行-针-次
↑　编织方向　　　+　短针
　　　　　　　　　｜　长针
　　　　　　　　　∞∞∞　锁针

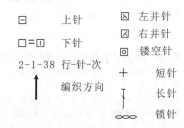

花样A (搓板针)

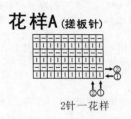

→②
→①
↑↑
②①

2针一花样

花样E

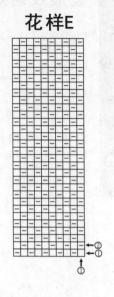

→②
→①
↑
①

花样B

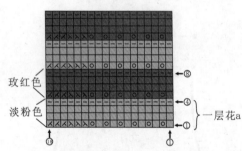

玫红色

淡粉色

←⑧

←④
←①
} 一层花a

↑
⑱

↑
①

花样C (双罗纹)

淡粉色

玫红色

←⑥

→②
→①

↑
④

↑
①

4针一花样

花样D

领边

清爽吊带裙

【成品规格】衣长50cm,半胸围36cm
【工　　具】11号棒针
【编织密度】30.5针×38.5行=10cm²
【材　　料】绿色丝光棉线500g

前片/后片/领片/小花制作说明

1.棒针编织法,由前片1片、后片1片和领片组成。从下
往上织起。
2.前片的编织。起针,下针起针法,起119针,起织花
样A中的搓板针,不加减针,编织6行,下一行起,依照

花样A分配花样编织,并在两侧缝上进行减针编织,16-1-
5,织成80行,不加减针,再织8行,下一行起,以两侧的1针
进行花样变化编织,向内是并针编织,2-1-31,外侧1针进
行加针,边加针,边编织花样B,加针方法是1-1-36,织到
36行后,不再加针,内侧继续并针,直至织成62行,领片
然倾斜成如结构图所示的尖角。相同的方法去编织后片。
3.领片的织法,从前片前面V形转角处起挑针,在一侧衣
上挑出40针,再用单起针法,起40针,再在后片的同侧衣
边上挑出40针,另一边领边同样挑针,挑120针,全片领
共240针,起织花样C双罗纹针,在V形转角处进行并针,每
2行并掉2针,即3针并为1针,中间1针在上面。后片的V形
角处同样并针,编织18行后,收针断线。最后制作一朵立
小花,图解见花样D,缝于前片的V形尖角下。衣服完成。

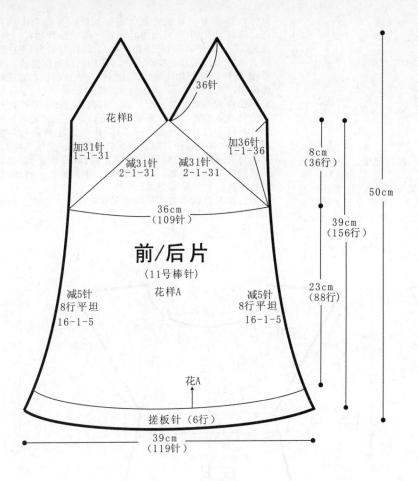

36针

花样B

加31针
1-1-31

加36针
1-1-36

减31针
2-1-31

减31针
2-1-31

36cm
(109针)

8cm
(36行)

39cm
(156行)

50cm

23cm
(88行)

前/后片
(11号棒针)

花样A

减5针
8行平坦
16-1-5

减5针
8行平坦
16-1-5

花A

搓板针(6行)

39cm
(119针)

花样D
（胸前小花图解）

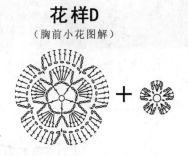

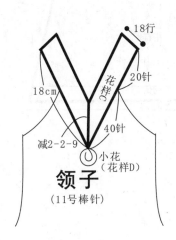

18行

20针

花样C

花样C

40针

减2-2-9

小花
(花样D)

领子
(11号棒针)

18cm

花样B

花样C

符号说明：

⊡	上针
□=①	下针
⊙	镂空针
☒	左上2针并1针
⊠	右上2针并1针
2-1-3	行-针-次
↑	编织方向

花样A

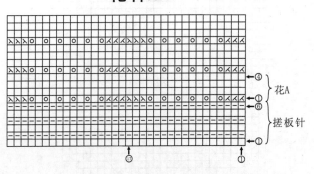

花A

搓板针

清纯白色连衣裙

【成品规格】衣长49cm，半胸围40cm
【工　　具】10号棒针
【编织密度】26针×35行=10cm²
【材　　料】白色棉线300g

前片/后片制作说明

1.棒针编织法，从上往下织，领口起织，起104针，来回编织。

2.领胸片的编织。起针后，来回编织，在第19针与第18针之间加针，织16针后，在下一针的位置上进行加针编织。再织36针后，在下一针上进行加针，然后将16针

织完，再在下一针的位置上进行加针，再将余下的18针织完。这样，在4个位置上进行加针，编织空针加针，每织2行加1次，一行内，共加出8针，第1个18针与最后一个18针，编织下针，中间的36针编织下针，两侧的16针作袖片，编织花样A搓板针。来回加针编织，加24针，织成48行。完成领胸片的编织。

3.下摆片的编织。先分配针数。两侧各45针合并作前片，袖片的针数各64针，收针断线，作袖口，两袖口之间，90针作后片，将前后片的针数，一共180针合并为1片进行环织。起织花样C，不加减针，编织10行的高度后，改织花样B，并根据花样B图解编织空针进行加针，将180针加针织成240针，织成84行，下一行起，改织花样A，不加减针，再织8行后，收针断线。衣身编织完成。

4.最后用黑色线沿着前后领边和前衣襟边，用钩针钩织花样D花边。衣服完成。

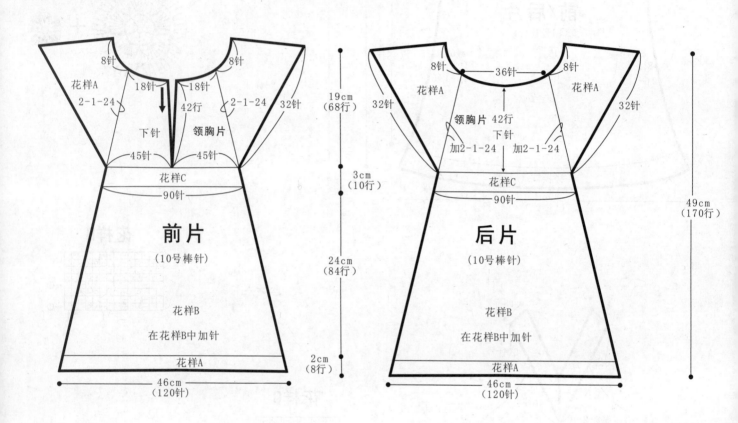

花样B

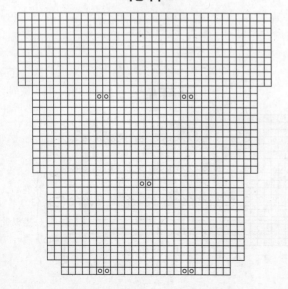

符号说明：

⊟　上针

□=⊡　下针

◎　镂空针

2-1-3　行-针-次

↑　编织方向

花样A

花样C

花样D
(衣边图解)

简洁娃娃装

【成品规格】裙长41cm，半胸围27cm，肩宽27cm
【工　　具】12号棒针
【编织密度】28针×36行=10cm²
【材　　料】浅红色羊毛线250g，灰色羊毛线50g

前片/后片制作说明

1.棒针编织法，裙身分为前片和后片分别编织而成。
2.起织后片，下针起针法，灰色线起106针，织花样A，

织8行后，改为浅红色线织花样B，不加减针织至103行，将织片均匀减针织成75针，两侧用灰色线各织5针花样A，中间65针浅红色线织花样C，织至140行，第141行起将织片中间留起31针不织，两侧减针织成后领，方法为2-1-4，织至148行，两侧肩部各余下18针，收针断线。
3.同样的方法起织前片，织至125行，第126行起中间留起13针不织，两侧减针织成前领，方法为2-2-4，2-1-5，织至148行，两侧肩部各余下18针，收针断线。
4.前片与后片的两侧缝对应缝合，两肩部对应缝合。

领片制作说明

领片沿领口挑起环形编织。灰色线起90针，织花样A，织8行后收针断线。

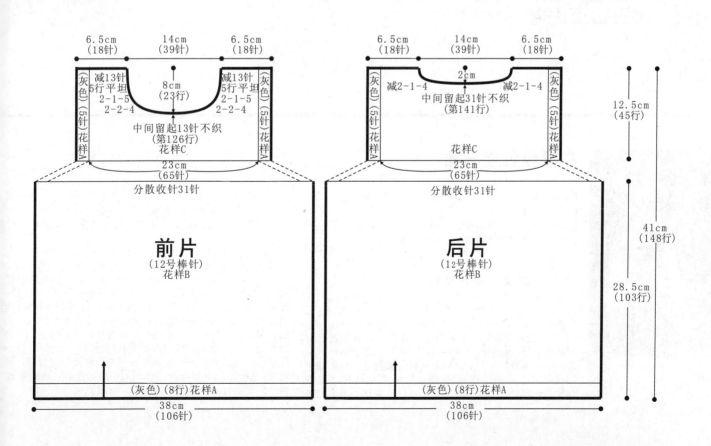

167

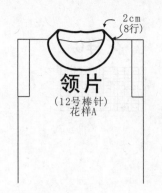

2cm
(8行)

领片
（12号棒针）
花样A

花样A

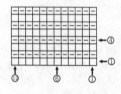

花样C

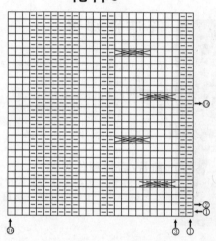

花样B

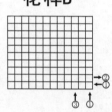

高腰绿色连衣裙

【成品规格】衣长46cm，半胸围24cm，袖长6cm
【工　　具】12号棒针
【编织密度】26针×35行=10cm²
【材　　料】绿色棉线400g，米白色棉线50g

前片/后片/袖片制作说明

1.棒针编织法，由前片1片、后片1片、袖片2片组成。从下往上织起。
2.前片的编织。起针，下针起针法，用米白色线，起138针，起织下针，不加减针，编织16行，首尾两行对折拼成一行，然后改用绿色线起织下针，不加减针，编织88行，在最后一行里，分散减针，减40针，针数减至98针，下一行改织花样A棒绞花样，不加减针，编织20行的高度后，改织下针，再织16行至袖窿。袖窿起减针，两侧减针，4-1-5，当织成袖窿算起28行时，中间收22针，两边进行领边减针，1-1-15，2-1-2，再织3行后，肩部，余下16针，收针断线。
3.后片的编织。袖窿以下织法与前片完全相同，袖窿起针，方法与前片相同。当袖窿以上织成46行时，下一行中收针52针，两边减针，2-1-2，至肩部余下16针，收针线。
4.拼接，将前片的侧缝与后片的侧缝和肩部对应缝合。
5.领片的编织，沿着前后领边，先用米白色线，挑针钩织样C，密实挑针，钩出的花样呈卷曲状，第二层花样短针用绿色线钩织。不加减针，完成一圈后断线。藏好线尾。
6.袖片的编织。从肩部起织，起23针，依照花样B进行两加针和花样编织，织成20行，完成后，收针断线。相同的法去编织另一袖片。将这两个袖片与袖窿对应缝合。再分沿着袖口边，用米白色线编织花样D搓板针，编织6行后，针断线。最后制作一个蝴蝶结，用米白色线，起20针，起花样D搓板针，不加减针，编织52行的高度后，收针断线将中间收缩打结，缝合后片腰间。衣服完成。

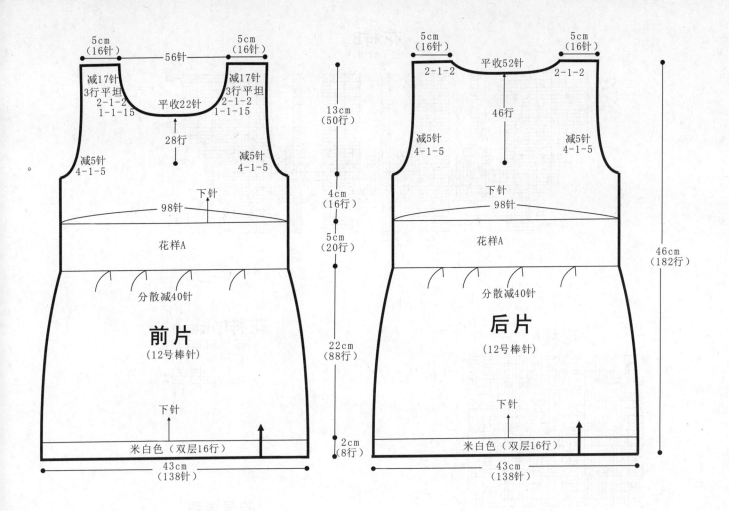

前片
（12号棒针）

5cm
（16针）　　　56针　　　5cm
（16针）

减17针
3行 平坦
2-1-2
1-1-15　　　平收22针

28行

减5针
4-1-5　　　减5针
4-1-5

98针　　下针

花样A

分散减40针

下针

米白色（双层16行）

43cm
（138针）

13cm
（50行）

4cm
（16行）

5cm
（20行）

22cm
（88行）

2cm
（8行）

后片
（12号棒针）

5cm
（16针）　　　平收52针　　　5cm
（16针）

2-1-2　　　2-1-2

46行

减5针
4-1-5　　　减5针
4-1-5

下针　　98针

花样A

分散减40针

下针

米白色（双层16行）

43cm
（138针）

46cm
（182行）

袖片
（12号棒针）
花样B

起23针

加2-1-7
6行平坦　　　加2-1-7
6行平坦

20行

38针

蝴蝶结

20针　　花样D
搓板针
米白色线

52行

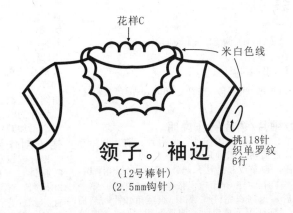

花样C

米白色线

领子。袖边
（12号棒针）
（2.5mm钩针）

挑118针
织单罗纹
6行

花样B
袖子的织法

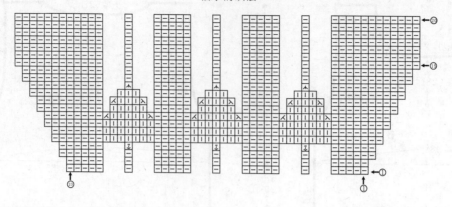

花样A

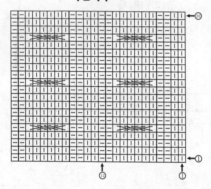

花样D（搓板针）

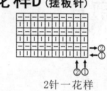

2针一花样

花样C

← 绿色线
← 米白色

符号说明：

⊟	上针
□=⊡	下针
2-1-3	行-针-次
▨	左上3针与右下3针交叉
⊠	向左并1针
⊠	向右并1针
+	短针
⊺	长针
∞∞	锁针
↑	编织方向

复古套装

【成品规格】衣长25cm，胸宽28cm，袖长12cm
【工　具】10号棒针
【编织密度】14.4针×30行=10cm²
【材　料】白色毛线400g，橘红色300g，扣子5枚

前片/后片/袖片/领片制作说明

1.棒针编织法，横向折回编织法，胸肩片、前片与后片作一片编织，最后挑针织袖片。
2.衣身的编织，双罗纹起针法，起织60针，起织花样D，不加减针编织12行，下一行起，依照花样C图解，第一行织完60针后，返回织完1行，第3行织至第49针，然后折回织完1行；第5行织至第41针，即返回织第6行；重复这个步骤，当织成48行后，花B、花C部分不织，只折回编织花A，织成48行，这48行形成袖片开口，下一行起，织

完花A后，在花B，花C上挑出相同的针数继续折回编织，再织108行，织成后片，下一行起，花B和花C不织，只织花A，再织48行，形成袖口，然后将花B和花C接上继续编织，再织48行后，完成折回编织，下一行起改织花样D，不加减针，织12行，在第6行的位置上，制作5个扣眼。
3.袖片的编织，从袖口位置挑48针，花B起织，不加减针织10行；下一行起，改织花样E，不加减针织6行，收针断线；用相同方法编织另一袖片。
4.领片的编织，从左右前片各挑30针，后片挑54针，花样E起织，不加减针织10行，收针断线，衣服完成。

裙子制作说明

1.棒针编织法，环织，一片编织而成。
2.起针，下针起针法，起210针，花样A起织，不加减针织26行；下一行起，改织花样B，一圈分配成10组花样B，花样□针，织26行；下一行起，改织下针，不加减针织68行，最后28行折回缝合成14行高度，裙子完成。

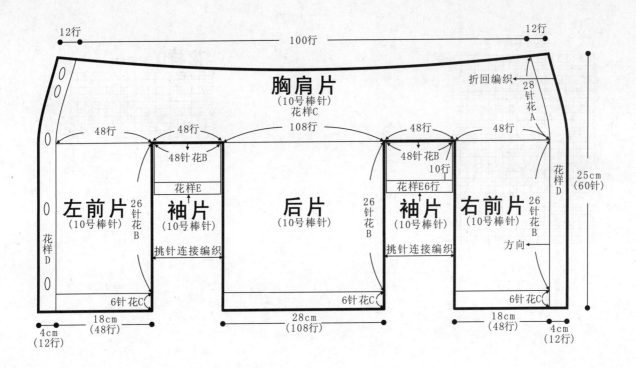

胸肩片
(10号棒针)
花样C

12行　100行　12行

折回编织

28针花A

25cm
(60针)

48行　48行　108行　48行　48行

48针花B

48针花B

10行

花样E

花样E6行

花样D

左前片
(10号棒针)

26针花B

袖片
(10号棒针)

后片
(10号棒针)

26针花B

袖片
(10号棒针)

右前片
(10号棒针)

26针花B

花样D

花样D

挑针连接编织

挑针连接编织

方向

6针花C　6针花C　6针花C

18cm
(48行)

28cm
(108行)

18cm
(48行)

4cm
(12行)

4cm
(12行)

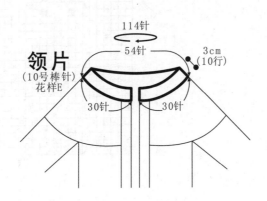

114针

54针

领片
(10号棒针)
花样E

3cm
(10行)

30针　30针

符号说明：

□	上针
□=①	下针
2-1-6	行-针-次
↑	编织方向
⊠	左并针
⊠	右并针
◎	镂空针
⧓	右上2针与左下2针交叉
⧓	左上2针与右下2针交叉

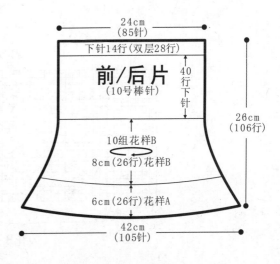

24cm
(85针)

下针14行(双层28行)

前/后片
(10号棒针)

40行下针

26cm
(106行)

10组花样B

8cm(26行)花样B

6cm(26行)花样A

42cm
(105针)

花样A

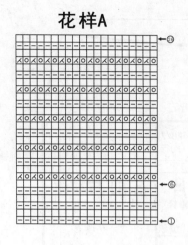

花样D（双罗纹）

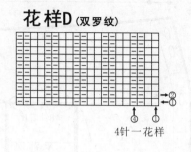

4针一花样

花样E（搓板针）

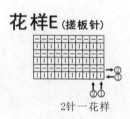

2针一花样

花样B

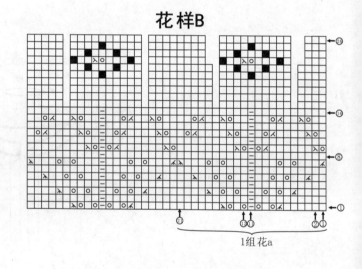

1组花a

花样C

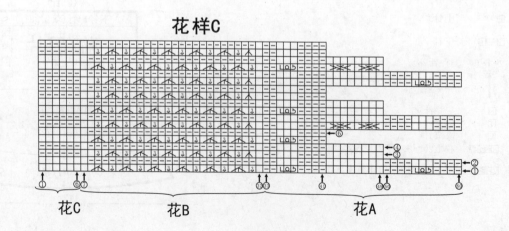

花C　　花B　　花A

温暖流苏披风

【成品规格】衣长27.5cm，半胸围32cm，肩宽连袖长11.5cm，帽长28cm
【工　　具】10号棒针，1.5mm钩针
【编织密度】12针×16行=10cm²
【材　　料】白色棉线400g

前片/后片/帽片制作说明

棒针编织法，衣身分前片和后片分别编织。

起织后片，下针起针法起64针织花样A，织37行后，两侧各平收12针，中间30针留待编织帽子。

同样的方法编织前片。

将前片与后片的两肩部对应缝合。

编织帽子，分配领口留起的共60针于棒针上，将织片从前片中间分开往两侧编织，织花样A，织45行的高度，断针断线。将帽顶缝合。

钩织衣摆，沿衣服下摆钩织3行花样B，完成后，绑长约6cm的流苏。

钩织两侧袖口边，沿衣服左右袖口织1行花样B。

符号说明：

□　　上针
□=□　　下针
⌢　　鱼网针
2-1-3　行-针-次
↑　　编织方向

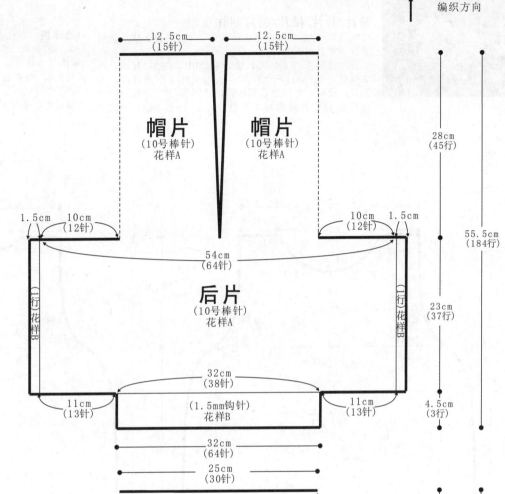

花样B

花样A

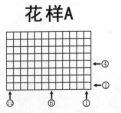

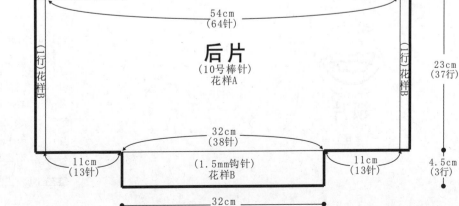

艳丽女孩装

【成品规格】衣长40cm，胸宽30cm，袖长40cm，袖宽12cm
【工　　具】10号棒针
【编织密度】30针×37行=10cm²
【材　　料】大红色羊毛线400g，黑色毛线100g

前片/后片/袖片/领片制作说明

1. 棒针编织法，前后片分片编织，再编织2个袖片进行缝合，最后编织领片。
2. 前片的编织，下针起针法，起120针，花样A起织，不加减针，织14行；下一行起，改织下针，不加减针，织74行，最后一行分散收褶30针，余90针；下一行起，改织花样B，两边同时减针，平收4针，2-1-4，减8针，其中

织至袖窿起织42行高度，下一行进行衣领减针，从中间收20针，两边相反方向减针，2-2-4，2-1-3，不加减针4行高度，余下16针，收针断线。
3. 后片的编织，袖窿以下的织法与前片相同，织至袖窿起56行高度，下一行进行衣领减针，从中间收针38针，两边反方向减针，2-1-2，减2针，织4行，余下16针，收针断线其他与前片一样。
4. 袖片的编织，下针起针法，起112针，花样A起织，不加针，织14行；下一行起，改织下针，两边同时减针，平收针，2-2-15，减34针，织30行，余44针，收针断线；在花样A边缘挑112针，黑色毛线花样C起织，两边同时减针，6-20，减20针，织120行，余下72针，收针断线；用相同方法编织另一袖片。
5. 拼接，将前后片与袖片对应缝合。
6. 领片的编织，从前片挑88针，后片挑80针，共168针，花样A起织，不加减针，织10行，收针断线，衣服完成。

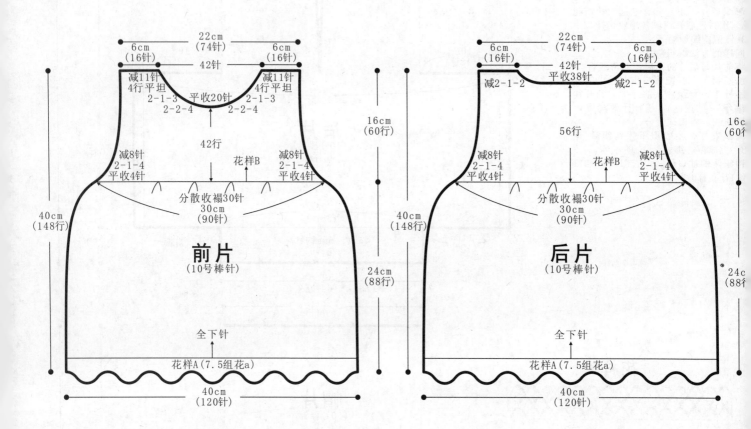

22cm
(74针)
6cm　　　　　　　6cm
(16针)　　　　　(16针)
42针

减11针　　　　　　　　减11针
4行平坦　　　　　　　　4行平坦
　　2-1-3　平收20针　2-1-3
　　2-2-4　　　　　　2-2-4

42行

减8针　　　　　　　　减8针
2-1-4　花样B　　　　2-1-4
平收4针　　　　　　　平收4针

分散收褶30针
30cm
(90针)

40cm
(148行)

16cm
(60行)

24cm
(88行)

前片
(10号棒针)

全下针

花样A(7.5组花a)

40cm
(120针)

22cm
(74针)
6cm　　　　　　　6cm
(16针)　　　　　(16针)
42针

减2-1-2　平收38针　减2-1-2

56行

减8针　　　　　　　　减8针
2-1-4　花样B　　　　2-1-4
平收4针　　　　　　　平收4针

分散收褶30针
30cm
(90针)

40cm
(148行)

16c
(60

24c
(88

后片
(10号棒针)

全下针

花样A(7.5组花a)

40cm
(120针)

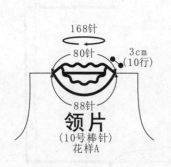

168针
80针　　　3cm
　　　　　(10行)

88针

领片
(10号棒针)
花样A

符号说明：

□　　　上针
□=□　　下针
2-1-6　行-针-次
↑　　　编织方向
区　　　左并针
区　　　右并针
回　　　镂空针
囚　　　中上3针并1针
　　　　右上2针与
　　　　左下1针交叉
　　　　左上2针与右下2针交叉

174

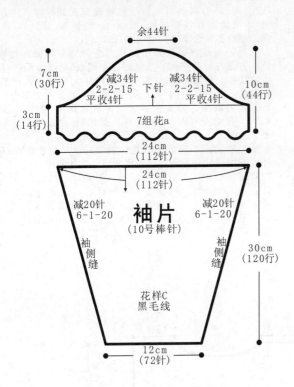

余44针

7cm
(30行)

减34针
2-2-15
下针
减34针
2-2-15

3cm
(14行)

平收4针
平收4针

10cm
(44行)

7组花a

24cm
(112针)

24cm
(112针)

减20针
6-1-20

减20针
6-1-20

袖片
(10号棒针)

袖
侧
缝

袖
侧
缝

30cm
(120行)

花样C
黑毛线

12cm
(72针)

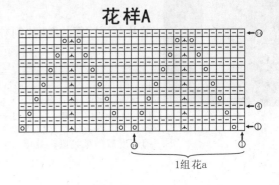

花样A

1组花a

花样B

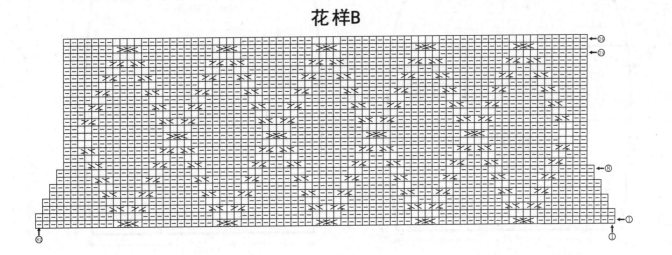

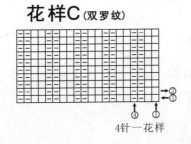

花样C(双罗纹)

4针一花样

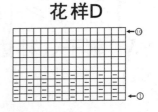

花样D

绿色口袋背心裙

【成品规格】衣长48cm，半胸围30cm
【工　　具】10号棒针，12号棒针
【编织密度】40针×52行=10cm²
【材　　料】浅绿色棉线400g

前片/后片/领片/袖片制作说明

1.棒针编织法，由前片1片、后片1片组成。从下往上织起。

2.前片的编织。起针，下针起针法，用米白色线，起100针，起织下针，不加减针，编织20行，首尾两行对折拼成一行，然后继续织下针，不加减针，编织128行，在最后一行里，分散减针，减12针，针数至88针，下一行改织花样A双罗纹针，不加减针，编织14行的高度后，至袖窿。袖窿起减针，两侧减针，先收针

10针，2-1-8，4-1-1，当织成袖窿算起38行时，中间收针6针，两边进行领边减针，2-2-1，2-1-8，4-1-1，再织8行后，至肩部，余下8针，收针断线。

3.后片的编织。袖窿以下织法与前片完全相同，袖窿起针，方法与前片相同。当袖窿以上织成64行时，下一行中间收针30针，两边减针，2-1-2，至肩部余下8针，收针断线。

4.拼接，将前片的侧缝与后片的侧缝和肩部对应缝合。

5.领片的编织，沿着前后领边，前片挑出70针，后片挑出42针，起织花样B，不加减针，编织6行的高度后，收针断线。

6.袖口的编织。沿着袖口边，挑出80针，起织花样A双罗纹针，不加减针，编织10行的高度后，收针断线。

7.口袋的编织，制作两只口袋，起30针，起织花样A双罗纹针，不加减针，编织8行，下一行起，改织下针，不加减针，编织28行后，收针断线，相同的方法去编织另一只口袋，花样A向上，作袋口，收针边向下，作缝合边，两侧边缝作缝合边。将两只口袋，缝合于衣身前片对应的两侧。衣服完成。

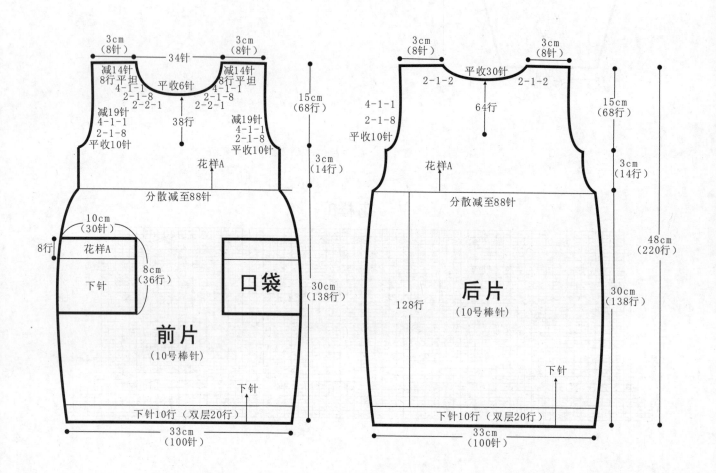

前片

3cm（8针）　34针　3cm（8针）
减14针 8行平坦 4-1-1 2-1-8 2-2-1　平收6针　减14针 8行平坦 4-1-1 2-1-8 2-2-1
减19针 4-1-1 2-1-8 平收10针　38行　减19针 4-1-1 2-1-8 平收10针
15cm（68行）
3cm（14行）
花样A
分散减至88针
10cm（30针）
8行　花样A
下针　8cm（36行）
口袋
30cm（138行）
前片（10号棒针）
下针
下针10行（双层20行）
33cm（100针）

后片

3cm（8针）　平收30针　3cm（8针）
2-1-2　2-1-2
4-1-1 2-1-8 平收10针　64行
15cm（68行）
花样A
3cm（14行）
分散减至88针
48cm（220行）
128行　后片（10号棒针）
30cm（138行）
下针
下针10行（双层20行）
33cm（100针）

领子、袖边

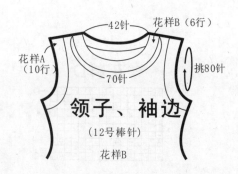

花样B（6行）
42针
花样A（10行）
70针
挑80针
领子、袖边
（12号棒针）
花样B

符号说明：

□　　　上针
□=□　　下针
2-1-3　行-针-次
　　　　左上3针与右下3针交叉
↑　　　编织方向

花样A（双罗纹）

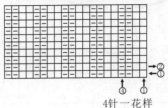

4针一花样

花样B
领子花样

娇艳蝴蝶结连衣裙

【成品规格】衣长48cm，半胸围33cm，肩宽
　　　　　　27cm，袖长7cm
【工　　具】12号棒针，1.25mm钩针
【编织密度】31.6针×40行=10cm²
【材　　料】粉红色棉线400g

前片/后片制作说明

1.棒针编织法，衣身分为前片、后片来编织。
2.起织后片，下针起针法，起152针织花样A，织12行后，织片变成114针，改织花样B，两侧一边织一边减针，方法为20-1-5，织至118行，织片变成104针，改织花样C，织至128行，改回编织花样C，两侧开始袖窿减针，方法为1-4-1，2-1-6，织至151行，中间平收8针，左右两侧织成后领，先减针，后加针，再减针，方

法为减2-1-3，平织8行，加2-1-4，第173行平收19针，然后按2-1-8的方法减针，织至192行，两侧肩部各余下12针，收针断线。
3.起织前片，下摆起织方法与后片相同，织至161行，中间平收28针，左右两侧织成前领，方法为2-2-2，2-1-12，两侧各减掉16针，最后两侧肩部各余下12针，收针断线。
4.将前后片两侧缝对应缝合，两肩部对应缝合。

领片制作说明

沿领口边钩织花样C，后襟处钩织花样D，作为领片。

袖片制作说明

1.棒针编织法，编织两片袖片。从袖口起织。
2.下针起针法，起62针织花样B，减针编织袖山，两侧同时减针，方法为1-4-1，2-1-14，两侧各减少18针，织至28行，织片余下26针，收针断线。
3.同样的方法再编织另一片袖片。在袖口2cm高度处缝橡筋。
4.缝合方法:将袖山对应前片与后片的袖窿线，用线缝合，再将两袖侧缝对应缝合。

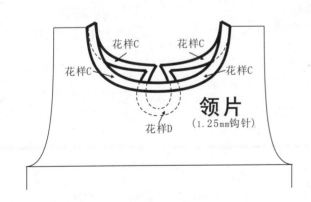

花样C　花样C
花样C　　　花样C
领片
(1.25mm钩针)
花样D

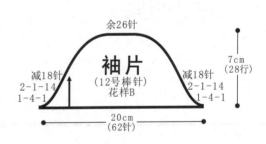

余26针
减18针　袖片　减18针
2-1-14　(12号棒针)　2-1-14
1-4-1　花样B　1-4-1
7cm
(28行)
20cm
(62针)

符号说明：

□=□　下针
⊠　左上1针与右下1针交叉
⊠　右上1针与左下1针交叉
⋀　中上3针并1针
2-1-3　行-针-次
+　短针
|　长针
∞　锁针
↑　编织方向

花样A

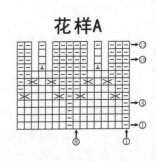

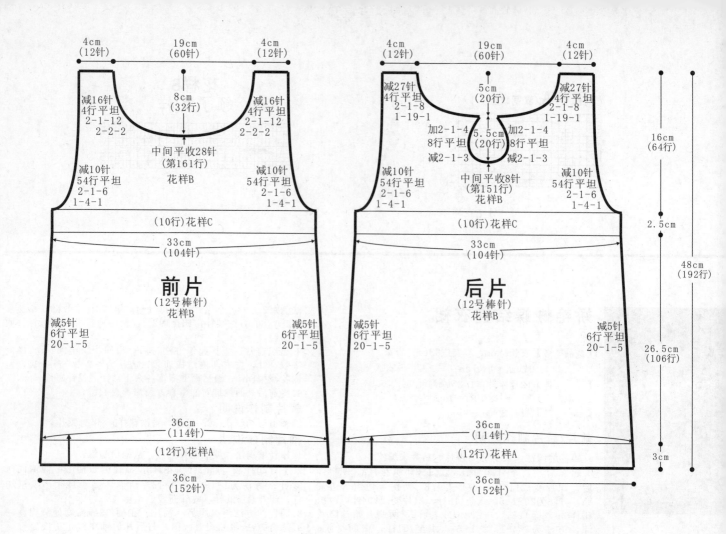

前片 structure diagram labels:
- 4cm（12针）　19cm（60针）　4cm（12针）
- 8cm（32行）
- 减16针 4行平坦 2-1-12 2-2-2 （左）
- 减16针 4行平坦 2-1-12 2-2-2 （右）
- 中间平收28针（第161行）花样B
- 减10针 54行平坦 2-1-6 1-4-1 （左右两侧）
- （10行）花样C
- 33cm（104针）
- 前片（12号棒针）花样B
- 减5针 6行平坦 20-1-5 （左右两侧）
- 36cm（114针）
- （12行）花样A
- 36cm（152针）

后片 structure diagram labels:
- 4cm（12针）　19cm（60针）　4cm（12针）
- 5cm（20行）
- 减27针 4行平坦 2-1-8 1-19-1 （左）
- 减27针 4行平坦 2-1-8 1-19-1 （右）
- 加2-1-4 8行平坦 减2-1-3 （左）
- 加2-1-4 8行平坦 减2-1-3 （右）
- 5.5cm（20行）
- 中间平收8针（第151行）花样B
- 减10针 54行平坦 2-1-6 1-4-1 （左右两侧）
- （10行）花样C
- 33cm（104针）
- 后片（12号棒针）花样B
- 减5针 6行平坦 20-1-5 （左右两侧）
- 36cm（114针）
- （12行）花样A
- 36cm（152针）

右侧尺寸：
- 16cm（64行）
- 2.5cm
- 48cm（192行）
- 26.5cm（106行）
- 3cm

花样B

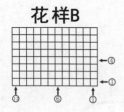

花样C

花样D

可爱小外套

【成品规格】衣长32cm，胸宽32cm，肩宽32cm，
【工　　具】缝纫机，剪刀
【材　　料】白色丝光线缎400g，羔羊布2m

前片/后片/制作说明

1.用裁剪法裁剪，由前片1片、后片1片组成。

2.前片的裁剪。由右前片和左前片组成。将32cm为边长的方形原料平铺于桌面，按右前片的结构图尺寸裁剪带袖右片单片成品，同样方法，相反的方向裁剪出带袖左前片成品。

3.后片的裁剪。将长为64cm，高为32cm的长方形原料平铺桌面，按后身片的结构图尺寸裁剪带袖后身片单片成品。

4.车缝，将左，右前片的带袖肩部车缝线，袖片车缝线衣车缝线与后身片的相应部位车缝线对应车缝起来。

5.再将卷的毛线沿着前后片结构图里的虚线标注处车缝去。衣服完成。

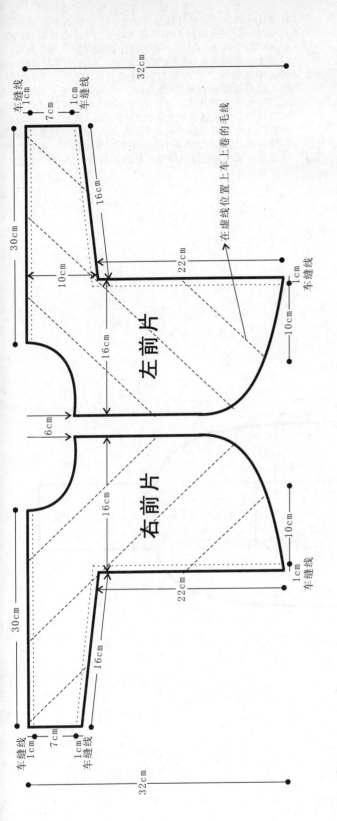

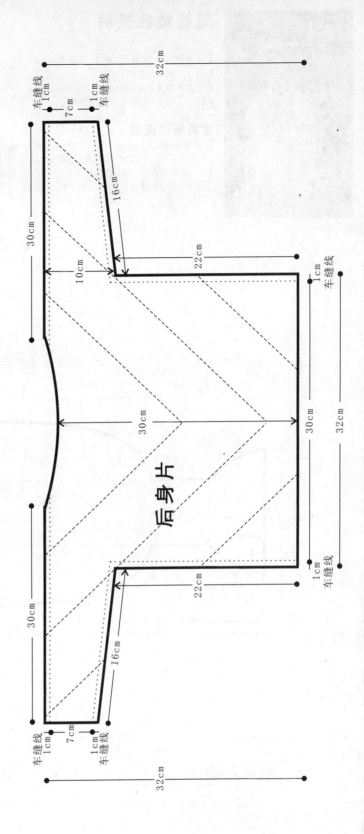

符号说明：

⊟　　上针

□=⊟　　下针

2-1-3　　行-针-次

↑　　编织方向

简约黄色披肩

【成品规格】披肩长84cm,宽30cm
【工　　具】6号棒针
【编织密度】10针×14.3行=10cm²
【材　　料】黄色宝宝绒线250g

披肩制作说明

1.棒针编织法,一片编织而成。用粗线编织。

2.起织,下针起针法,起12针,起织花样A,不加减针,编织4行后,两侧减针,2-1-3,织成10针,针数余下6针,不加减针,编织10行的长度后,下一行起,分

散加针,加24针,将针数加成30针,并分配花样,两侧各8针编织花样A搓板针,中间依次分配成4针花样B,8针花样A,4针花样B,不加减针,编织24行的长度后,制作袖口。口的宽度在两个花样B棒绞花样之间,即两侧留花样B继续织,中间收针。织法是起织8针花样A,将接下来的20针针,然后继续织余下的8针花样A,返回时,先织8针花样A再用单起针法起20针,再接上8针花样A,这样形成的孔即袖口。然后继续编织花样,再织32行后,同样的方法制作个袖口,然后继续编织,再织24行,在最后一行里,分散24针,余下6针,全织花样A搓板针,不加减针,编织20行长度后,收针断线,折回6针起织处缝合,形成一个孔,肩完成。

披肩(6号棒针)

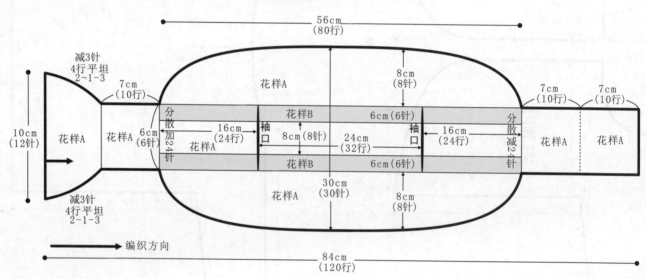

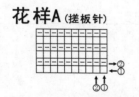

花样A (搓板针)

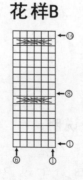

花样B

符号说明:

⊟　　上针

□=Ⅰ　下针

2-1-3　行-针-次

↑　　编织方向

180

简约配色外套

【成品规格】衣长40cm，胸宽32cm，肩宽24cm
【工　　具】12号棒针
【编织密度】花样C密度：27.7针×47.7行=10cm²
　　　　　　花样B密度：27.5针×40行=10cm²
【材　　料】紫色丝光棉线400g，黄色线100g

前片/后片/领片/袖片制作说明

1.棒针编织法，由前片2片、后片1片、袖片2片组成。从下往上织起。

2.前片的编织。由右前片和左前片组成，以右前片为例。

（1）起针，单罗纹起针法，用紫色线起44针，编织花样A，右侧4针编织下针作为门襟，不加减针，织6行的高度，下一行起，右侧门襟4针继续编织下针，并注意每隔25行留出一个扣眼，共留出5个扣眼。左侧40针编织花样B，不加减针编织92行至袖窿。分散收8针，留有32针。开始编织花样C，袖窿左侧起减针，先平收4针，2-1-4，当织成34行的高度时，右侧进行衣领减针，平收4针，2-2-4，织成30行，至肩部，余下16针，收针断线。

（2）相同的方法，相反的方向去编织左前片。不同的地方就是门襟不留扣眼，直接编织就行。

3.后片的编织。起针，单罗纹起针法，用紫色线起88针，编织花样A，织6行的高度，下一行起，编织花样B，不加减针编织92行至袖窿。分散收10针，留有78针。开始编织花样C，袖窿两侧起减针，先平收4针，2-1-4.当织成袖窿算起60行时，下一行中间收针26针，两边相反方向减针，2-1-2，两肩部各余下16针，收针断线。

4.袖片的编织。袖片从袖口起织，单罗纹起针法，用紫色线起56针，编织花样D，不加减针，往上织6行的高度，下一行开始编织袖身，两边侧缝加针，4-1-18，20行平坦，同时换成黄色线，织16行后，再换成紫色和黄色混合线编织花样E，织53行后，再换成黄色线继续编织23行至袖窿。并进行袖山减针，两边各收针4针，然后2-1-12，织成24行，余下60针，收针断线。相同的方法去编织另一袖片。

5.拼接，将前片的侧缝与后片的侧缝对应缝合，将前后片的肩部对应缝合；再将两袖片的袖山边线与衣身的袖窿边对应缝合。

6.领片的编织。沿着左前片和右前片的衣领边各挑出30针，后片衣领处挑出30针，共90针，全编织下针，不加减针织10行。收针断线。衣服完成。

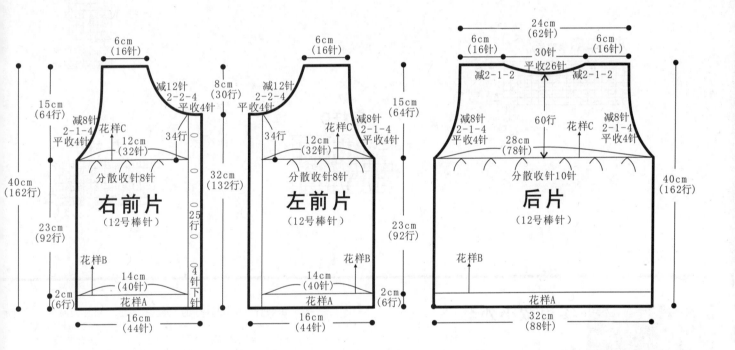

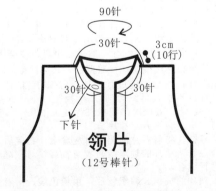

符号说明：

□	上针	⊠	左并针
□=□	下针	⊠	右并针

2-1-3　行-针-次

↑　编织方向

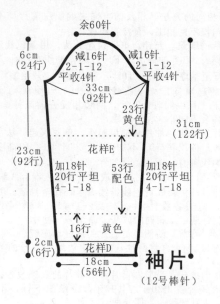

余60针

减16针
2-1-12
平收4针

减16针
2-1-12
平收4针

6cm
(24行)

33cm
(92针)

23行
黄色

31cm
(122行)

23cm
(92行)

花样E

加18针
20行平坦
4-1-18

53行
配色

加18针
20行平坦
4-1-18

16行 黄色

2cm
(6行)

花样D

18cm
(56针)

袖片

（12号棒针）

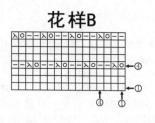

花样B

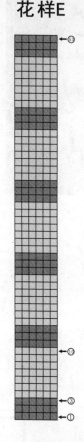

花样E

花样A（单罗纹）

2针一花样

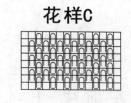

花样C

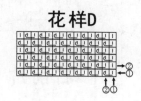

花样D

实用款小外套

【成品规格】衣长38cm，胸宽32cm，袖长35cm
【工　　具】10号棒针
【编织密度】26针×28行=10cm²
【材　　料】白色羊毛线350g，粉色50g，扣子7枚

前片/后片/领片/袖片制作说明

1.棒针编织法，从下往上编织，分成左前片、右前片、后片各自编织，再编织袖片。

2.前片的编织，分成左前片和右前片。以左前片为例。

（1）双罗纹起针法，白色线起织，起54针，左侧选6针编织花样C搓板针，至领边始终编织花样C。中间余下的48针，起织花样A双罗纹针，不加减针，编织4行的高度。下一行改用粉色线编织花样A中的棒纹花样，不加减针，编织6行的高度，而后改用白色线编织，织12行的高度。直至肩部都用白色线。

（2）第23行起，依照结构图分配的花样进行编织，不加减针，编织64行的高度后，至袖窿。

（3）袖窿以上的编织。继续花样编织，右侧袖窿减针，先收针7针，每织2行减2针，减5次。织成10行，不

加减针，再织16行的高度时，进入前衣领减针，先平收针，每织2行减2针，减4次，织成8行，然后每织2行减1针，6次。再织4行后，至肩部，余下17针，收针断线。

（4）相同的方法，相反的减针方向去编织右前片。

3.后片的编织。双罗纹起针法，起88针，起织花样A，不减针，编织22行的高度后，下一行起全编织下针，不加针，编织64行的高度后，至袖窿，两边减针，先收针7针然后每织2行减2针，减5次，余下54针，不加减针，编织袖算起44行的高度后，将所有的针数收针。无后衣领减针。

4.袖片的编织，从袖口起织，双罗纹起针法，起44针，起花样A，白色线起织4行，然后改用粉色线编织4行棒纹花样再改用白色线编织10行双罗纹，共18行花样A，下一行起，织下针，两袖侧缝进行加针，每织6行加1针，加10次，织60行，不加减再织8行后，至袖窿，下一行袖山减针，每2行减1针，减14次，织成28行，余下36针，收针断线。相同的方法去编织另一袖片。

5.缝合。将前后片的侧缝对应缝合，将前后片的肩部对应合。将两袖片的袖窿线与衣身袖窿线对应缝合。再将袖侧进行缝合。

6.领片的编织。编织领片，用粉色线，沿着前后衣领边，出68针，起织花样A中的棒纹花样，不加减针，编织6行的高度，再改用白色线编织6行双罗纹，收针断线。左侧领需要制作7个扣眼。对侧钉上7枚扣子。衣服完成。

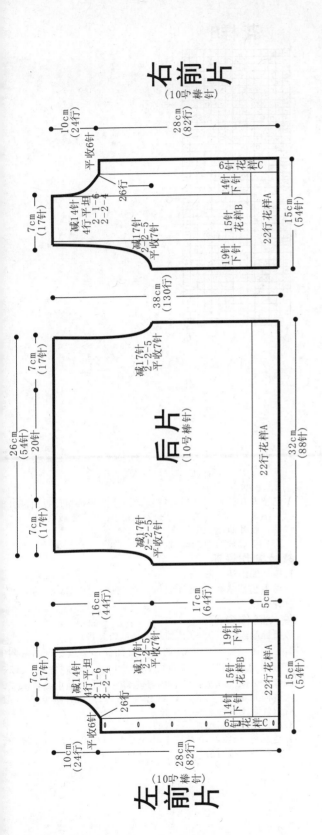

右前片
（10号棒针）

10cm
(24行)

28cm
(82行)

平收6针

减14针
4行平坦
2-1-6
2-2-4

26行

减17针
2-2-5
平收7针

7cm
(17针)

6针花样C

14针
下针
花样B

15针
花样B

22行花样A

19针
下针

15cm
(54针)

38cm
(130行)

后片
（10号棒针）

减17针
2-2-5
平收7针

26cm
(54针)
20针

7cm
(17针)

7cm
(17针)

22行花样A

32cm
(88针)

减17针
2-2-5
平收7针

16cm
(44行)

17cm
(64行)

5cm

7cm
(17针)

减14针
4行平坦
2-1-6
2-2-4

减17针
2-2-5
平收7针

19针
下针

26行

14针
下针
花样B

15针
花样B

22行花样A

15cm
(54针)

平收6针

6针
下针
花样C

10cm
(24行)

平收6针

28cm
(82行)

左前片
（10号棒针）

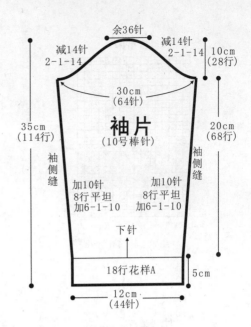

袖片
（10号棒针）

余36针

减14针
2-1-14

减14针
2-1-14

10cm
(28行)

30cm
(64针)

35cm
(114行)

袖侧缝

20cm
(68行)

袖侧缝

加10针
8行平坦
加6-1-10

加10针
8行平坦
加6-1-10

下针

18行花样A

5cm

12cm
(44针)

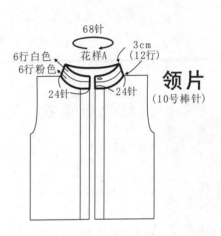

68针

6行白色

花样A

3cm
(12行)

6行粉色

24针

24针

领片
（10号棒针）

符号说明：

⊟	上针	⊠	左并针
□=⊡	下针	⊠	右并针
2-1-3	行-针-次	▣	镂空针
↑	编织方向	⊠	中上3针并1针
⊠	2针交叉		

183

花样A

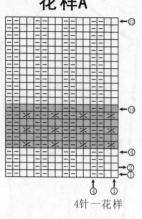

4针一花样

花样B

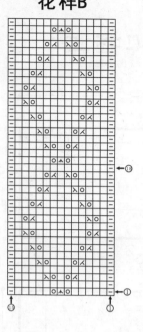

花样C（搓板针）

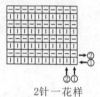

2针一花样

火红高领毛衣

【成品规格】衣长39cm，宽33cm，肩宽27cm，袖长34cm
【工　　具】12号棒针
【编织密度】28针×28行=10cm²
【材　　料】红色棉线共450g

前片/后片制作说明

1.棒针编织法，衣服分为前片、后片来编织完成。
2.先织后片，下针起针法，起92针起织，起织花样A，共织6行后，改织花样B、C\D组合，组合方法如图示，重复往上编织至78行，两侧同时减针织成袖窿，各减8针，方法为1-4-1，4-2-2，织至第86行，将织片改织花样E，两侧不再加减针，织至第111行时，中间留取36针不织，用防解别针扣住，两端相反方向减针编织，各减少2针，方法为2-1-2，最后两肩部余下18针，收针断线。
3.前片的编织，编织方法与后片相同，织至第105行，

中间留取28针不织，用防解别针扣住，两端相反方向减针编织，各减少6针，方法为2-2-2，2-1-2，最后两肩部余下18针，收针断线。
4.前片与后片的两侧缝对应缝合，两肩部对应缝合。

领片制作说明

1.棒针编织法，圈织。
2.沿着前后衣领边挑针编织，织花样A，共织36行的高度，收针断线。

袖片制作说明

1.棒针编织法，编织2片袖片。从袖口起织。
2.起40针，起织花样A，两侧同时加针，加4-1-16，两侧针数各增加16针，织至56行时，将织片改织花样B，共织至64行。将织片织成72针，接着就编织袖山，袖山减针编织，两侧同时减针，方法为1-4-1，4-2-7，两侧各减少18针，最后织片余下36针，收针断线。
3.同样的方法再编织另一袖片。
4.缝合方法:将袖山对应前片与后片的袖窿线，用线缝合，再将两袖侧缝对应缝合。

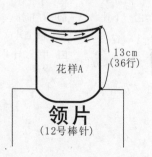

13cm
(36行)

花样A

领片
（12号棒针）

花样A
（双罗纹针）

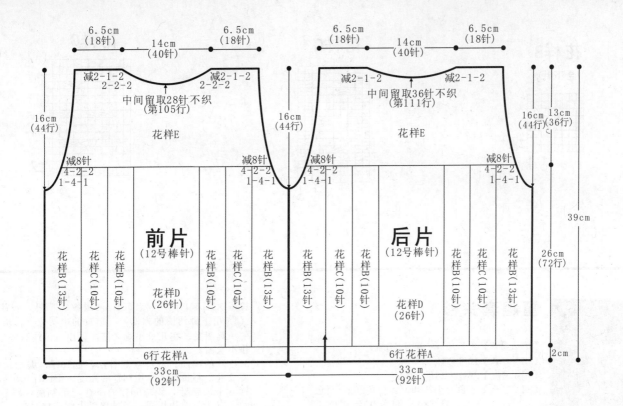

前片（12号棒针）

6.5cm（18针）　14cm（40针）　6.5cm（18针）

减2-1-2　2-2-2
中间留取28针不织（第105行）
花样E
16cm（44行）

减8针　4-2-2　1-4-1

花样B(13针)　花样C(10针)　花样B(10针)　花样D(26针)　花样B(10针)　花样C(10针)　花样B(13针)

6行花样A
33cm（92针）

后片（12号棒针）

6.5cm（18针）　14cm（40针）　6.5cm（18针）

减2-1-2　2-2-2
中间留取36针不织（第111行）
花样E
16cm（44行）

减8针　4-2-2　1-4-1

花样B(13针)　花样C(10针)　花样B(10针)　花样D(26针)　花样B(10针)　花样C(10针)　花样B(13针)

6行花样A
33cm（92针）

16cm（44行）　13cm（36行）　39cm　26cm（72行）　2cm

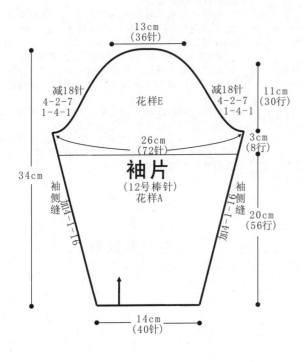

袖片（12号棒针）　花样A

13cm（36针）

减18针　4-2-7　1-4-1
花样E
11cm（30行）

26cm（72针）
3cm（8行）

34cm
袖侧缝　加4-1-16
袖侧缝　加4-1-16

20cm（56行）

14cm（40针）

花样D

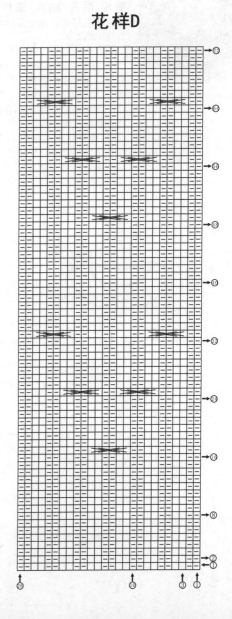

符号说明：

　□　　上针
　□=□　下针
　2-1-3　行-针-次
　↑　　编织方向

花样B
（全下针）

花样C

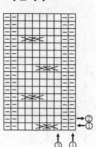

花样C

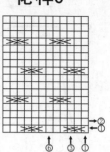

童趣套头衫

【成品规格】 衣长40cm，胸宽34cm
【工　　具】 10号棒针
【编织密度】 26针×28行=10cm²
【材　　料】 蓝色兔毛线300g。白色20g，黄色
80g，粉红20g，红色20g，黑色20g

前片/后片/袖片/领片制作说明

1.棒针编织法，由前片1片、后片1片、袖片2片组成。从下往上织起。

2.前片的编织。一片织成。

（1）起针，双罗纹起针法，起90针，编织花样A配色双罗纹，不加减针，织14行的高度。

（2）袖窿以下的编织。第15行起，用蓝色线，全织下针，不加减针，编织54行的高度，至袖窿。此时衣身织成68行的高度。

（3）袖窿以上的编织。第69行时，两侧同时减针，平收6针，然后每织4行减2针，共减11次，织成袖窿算起的24行时，进行领边减针，织片中间平收掉14针，然后两

边每织2行减1针，共减10次，两边各余下1针，收针断线。

（4）用下针绣图的方法，在前片的中间位置，绣上花样B的小鸡图案，在几只小鸡之间，再用白色线绣些分散的针，作小米图案。

3.后片的编织。双罗纹起针法，起90针，编织花样A配色罗纹针，不加减针，织14行的高度。第15行起用蓝色线织针，不加减针，织成54行的下针，至袖窿，然后袖窿起针，方法与前片相同。当袖窿以上织成44行时，余下34针，将所有的针数收针。

4.袖片的编织。袖片从袖口起织，双罗纹起针法，起56针，分配成花样A配色图案，不加减针，往上织14行的高度，第15行起，全织下针，两边袖侧缝进行加针，每织8行加1针，共加8次，织成64行，不加减针，再织8行后，至袖窿。下行起进行袖山减针，两边同时减针，减针方法与身身的减针方法相同，最后余下16针，收针断线。相同的方法去编织另一袖片。

5.拼接，将前片的侧缝与后片的侧缝对应缝合，再将两袖的袖山边线与衣身的袖窿边对应缝合。

6.领片的编织，用10号棒针织，沿着前后领边，挑出1针，起织下针，共2行，然后织14行花样A配色双罗纹针，针断线，衣服完成。

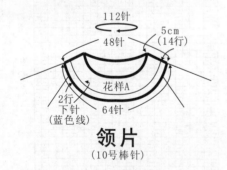

112针
48针
5cm（14行）
2行 下针（蓝色线）
花样A
64针

领片
（10号棒针）

符号说明：

□　上针

□=① 下针

2-1-3　行-针-次

↑　编织方向

花样A（双罗纹）

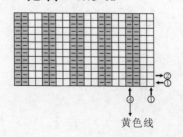

黄色线

186

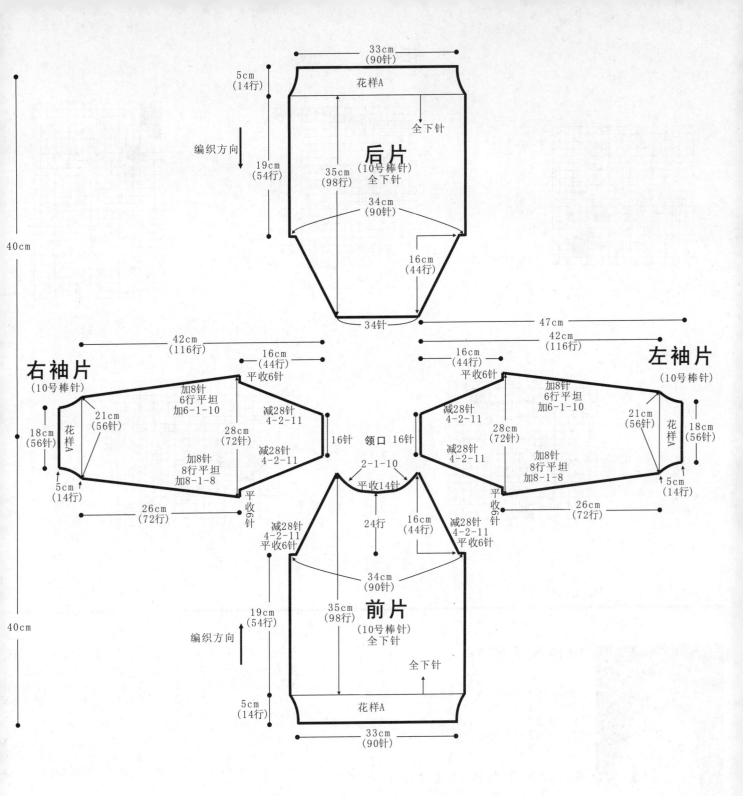

后片

33cm
(90针)

5cm
(14行)

花样A

全下针

编织方向

19cm
(54行)

35cm
(98行)
全下针
(10号棒针)

34cm
(90针)

16cm
(44行)

34针

40cm

右袖片
(10号棒针)

42cm
(116行)

16cm
(44行)

平收6针

加8针
6行平坦
加6-1-10

减28针
4-2-11

21cm
(56针)

18cm
(56针)

花样A

28cm
(72针)

16针

领口

加8针
8行平坦
加8-1-8

减28针
4-2-11

5cm
(14行)

26cm
(72行)

平收6针

左袖片
(10号棒针)

47cm

42cm
(116行)

16cm
(44行)

平收6针

加8针
6行平坦
加6-1-10

减28针
4-2-11

21cm
(56针)

18cm
(56针)

花样A

28cm
(72针)

16针

加8针
8行平坦
加8-1-8

减28针
4-2-11

5cm
(14行)

26cm
(72行)

平收6针

2-1-10
平收14针

24行

16cm
(44行)

减28针
4-2-11
平收6针

减28针
4-2-11
平收6针

34cm
(90针)

35cm
(98行)
前片
(10号棒针)
全下针

全下针

编织方向

19cm
(54行)

5cm
(14行)

花样A

40cm

33cm
(90针)

下针绣图方法

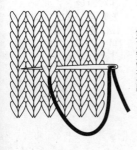

第1步:用缝针从1针下针后中间穿出,再横向穿过上一行的1针下针后,拉出。

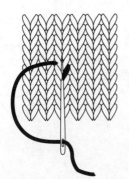

第2步:拉出第1步的线后,再将针穿入下2行的中间,再从中间一行(即需要绣的当行)中间穿出,拉线。

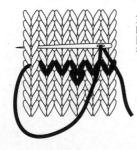

第3步:同样的方法去绣同一行或隔行的下针。

花样B

（小鸡图案）

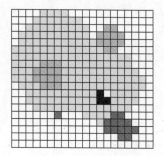
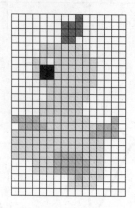
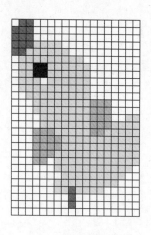

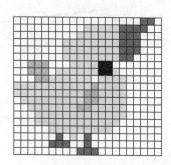
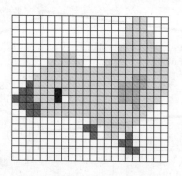

中性风系带衫

【成品规格】衣长30cm，胸宽27cm，肩宽22cm
【工　　具】10号棒针
【编织密度】21.7针×37行=10cm²
【材　　料】深灰色绒毛线400g，3枚扣子

前片/后片/领片/袖片制作说明

1.棒针编织法，由前片2片，后片1片，袖片2片，领片1片，腰带一条组成。从下往上织起。
2.前片的编织。由右前片和左前片组成，以右前片为例。
　（1）起针，单罗纹起针法，起26针，编织花样A，不加减针，织18行的高度，编织花样B，不加减针，编织52行至袖窿。袖窿左侧起减针，先平收4针，2-1-4，当织成14行的高度时，右侧进行衣领减针，2-1-8，14行平坦，织成30行，刚好至肩部，余下10针，收针断线。
　（2）相同的方法，相反的方向去编织左前片。

3.后片的编织。起针，单罗纹起针法，起64针，编织花样A，不加减针，织18行的高度，编织花样C，不加减针，编织52行至袖窿。袖窿两侧起减针，先平收4针，2-1-4，当织成40行的高度时，进行衣领减针，平收24针，2-1-2，刚好至肩部，余下10针，收针断线。
4.袖片的编织。袖片从袖口起织，单罗纹起针法，起48针，编织花样A，不加减针，往上织8行后，编织花样D，织4行至袖窿。并进行袖山减针，两边各收针4针，然后2-1-13，织成26行，余下14针，收针断线。相同的方法去编织另一袖片。
5.领片的编织。单罗纹起针法，起160针，编织花样A，不加减针，往上编织，同时左侧相应位置留出3个扣眼，织16行后两侧进行收针，各收52针为前片的门襟边，再进行领针减针，2-1-10，余下36针，收针断线。
6.拼接。将前片的侧缝与后片的侧缝对应缝合，将前后片的肩部对应缝合；再将两袖片的袖山边线与衣身的袖窿边对应缝合。领片的起边处和拼接好的前后片边对应缝合。
7.腰带的编织：起针16针，编织花样E。织成370行。收针断线。左前片门襟相应位置钉上纽扣，衣服完成。

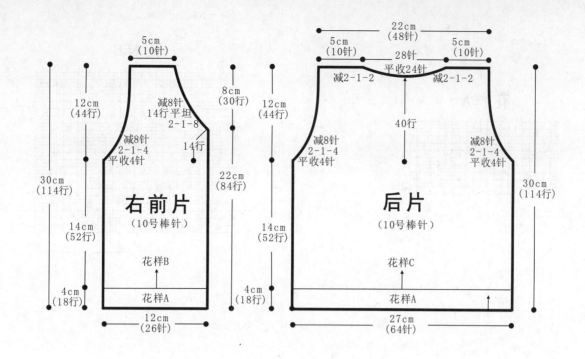

右前片
（10号棒针）

5cm
（10针）

12cm
（44行）

减8针
14行平坦
2-1-8

减8针
2-1-4
平收4针

14行

8cm
（30行）

30cm
（114行）

22cm
（84行）

12cm
（44行）

14cm
（52行）

花样B

4cm
（18行）

花样A

12cm
（26针）

22cm
（48针）

5cm
（10针）

5cm
（10针）

28针
平收24针

减2-1-2

减2-1-2

后片
（10号棒针）

40行

减8针
2-1-4
平收4针

减8针
2-1-4
平收4针

30cm
（114行）

14cm
（52行）

花样C

花样A

27cm
（64针）

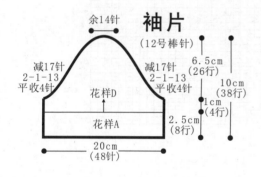

袖片
（12号棒针）

余14针

减17针
2-1-13
平收4针

减17针
2-1-13
平收4针

花样D

花样A

6.5cm
（26行）

10cm
（38行）

1cm
（4行）

2.5cm
（8行）

20cm
（48针）

腰带（10号棒针）

4cm
（16针）

花样E

100cm
（370行）

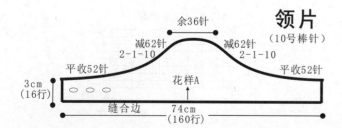

领片
（10号棒针）

余36针

减62针
2-1-10

减62针
2-1-10

平收52针

平收52针

花样A

3cm
（16行）

缝合边

74cm
（160行）

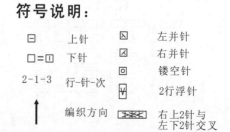

符号说明：

□	上针		左并针
□=□	下针		右并针
2-1-3	行-针-次		镂空针
			2行浮针
↑	编织方向		右上2针与左下2针交叉

花样A

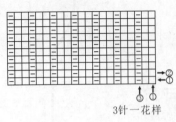

3针一花样

花样B

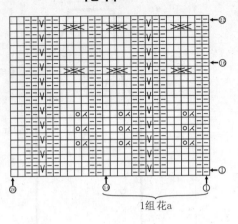

1组花a

花样C

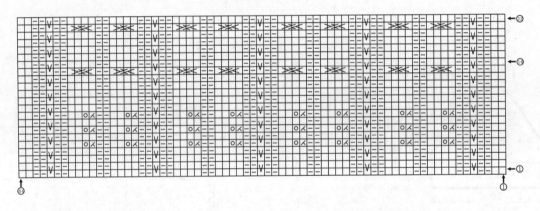

花样D

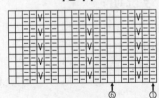

花样E（单罗纹）

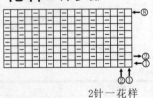

2针一花样

不对称竖纹外套

【成品规格】衣长34cm，胸宽34cm，肩宽31cm
【工具】10号棒针
【编织密度】24.5针×58行=10cm²
【材料】绿色丝光棉线400g，白色线若干，扣子5枚

前片/后片/袖片制作说明

1. 棒针编织法。右侧编织花样A，起织16行（其中均匀留出5个扣眼），再换成白色线编织4行，右侧编织边进行12行，又换成白线编织44行后进行边减针12行，不加减针编织12行，余下下摆，收针32针，2-2-4，2-2-4，余下72针，编织花样B，起44针作为前片下摆，编织花样B。

(1) 起针，平针起针法。用绿色线起100针，由前片和左前片起，从右往左织。

(2) 相同的方法，相反的方向去编织左前片。起针，平针起针法。右侧花样说明如下：2-2-4，共编织8行后，平加针32针，形成右侧袖隆，不加减针，编织花样D。

2. 后片的编织，相同的方法，右侧编织花样A，右侧编织说明如下：2-2-4，形成右侧袖隆，将左右前片的门襟线，扣眼对应处钉上纽扣。衣服完成。

3. 后片衣领处挑出40针，共88针，沿着左前片和右前片的衣领各挑出24针，编织花样B，不加减针，编织花样B。

前片2片，后片1片，袖片2片组成。前片和左前片组成，横织。

(材料说明续：绿色丝光棉线400g，白色线若干，扣子5枚。)

花样C 10号棒针
花样A 10号棒针
花样B 10号棒针

△ = 减40针 平收32针

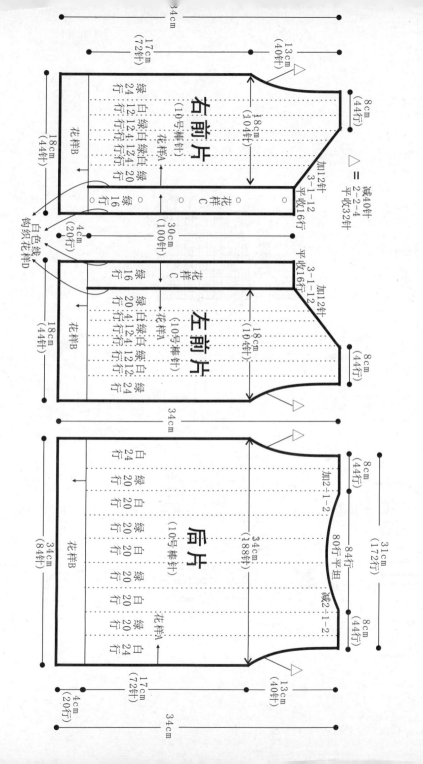

右前片 10号棒针

左前片 10号棒针

后片 10号棒针

8cm（44行）
13cm（40针）
17cm（72针）
18cm（104针）
30cm（100针）
34cm（188针）
31cm（172行）
18cm（44行）
4cm（20行）

加12针 3-1-12 平收32针
减针 2-2-4
加2-1-2
减2-1-2
80行平直

绿24行 白12行 绿12行 白12行 绿24行 绿20行 花样C 花样A 花样B 花样D

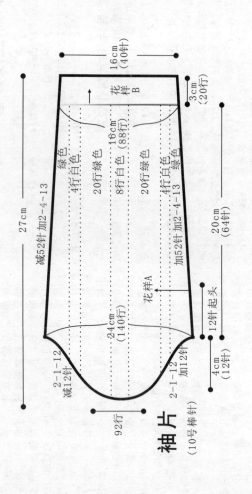

袖片
(10号棒针)

16cm
(40针)

3cm
(20行)

花样
B

绿色
4行白色
20行绿色
8行白色
20行绿色
4行白色
绿色

27cm
24cm
(140行)

减52针 加2-4-13

花样A

加52针 加2-4-13

16cm
(88行)

20cm
(64针)

2-1-12
减12针

12针起头

4cm
(12针)

92行

2-1-12
加12针

(10号棒针)

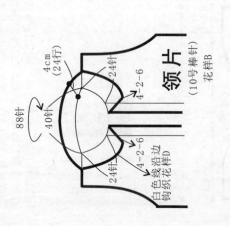

领片

4cm
(24行)

88针

40针

24针

4-2-6

24针

4-2-6

24针

白色线沿边
钩织花样D

(10号棒针)
花样B

花样B

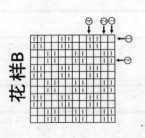

花样A

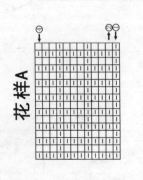

花样C (搓板针)

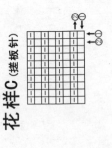

花样D

192